NHK
趣味の園芸
12か月
栽培ナビ
②

クリスマスローズ

野々口 稔
Nonokuchi Minoru

写真：シングル・クリーム色・ピコティー

12か月
栽培ナビ
Helleborus

ダブル・ピンク・無地

目次
Contents

本書の使い方 …………………………………………… 4

クリスマスローズの魅力と特徴　　5

クリスマスローズの魅力 ………………………………… 6
クリスマスローズの株のつくり ………………………… 8
花の咲き方と花形 ……………………………………… 10
花の模様と花色 ………………………………………… 12

クリスマスローズの花図鑑　　15

シングル（一重咲き）………………………………… 16
セミダブル（半八重咲き）…………………………… 21
ダブル（八重咲き）…………………………………… 27

12か月栽培ナビ　　35

　クリスマスローズの年間の作業・管理暦 ……… 36
　1月　古葉切り ……………………………………… 38
　2月　開花株の植え替え／人工授粉 ……………… 41
　3月　子房取り／花柄切り／発芽苗の移植 ……… 47
　4月　袋かけ ……………………………………… 51
　5月　タネの採取／タネの保管／タネまき（とりまき）… 56
　6月　株元の整理 ………………………………… 61
　7月　………………………………………………… 64
　8月　………………………………………………… 66
　9月　………………………………………………… 68
　10月　植え替え／株分け／庭への植えつけ／
　　　　　苗の植え替え／タネまき ……………………… 71
　11月　古葉切り …………………………………… 81
　12月　マルチング ………………………………… 84

クリスマスローズをさらに詳しく　　87

　クリスマスローズの歴史 ……………………………… 88
　クリスマスローズの選び方 …………………………… 89
　鉢の選び方 …………………………………………… 91
　置き場、水やり ……………………………………… 92
　肥料 …………………………………………………… 93
　気をつけたい病気と害虫 …………………………… 94

Column
　クリスマスに咲かない理由 …………………………… 6
　花つきや株姿にも注目 ……………………………… 34
　ダブル人気とシングルの衰退 ……………………… 55
　夏越し中に葉が傷んだ株 …………………………… 67
　クリスマスローズの原種の魅力 …………………… 70
　多弁花の魅力 ………………………………………… 86

本書の使い方

ナビちゃん
毎月の栽培方法を紹介してくれる「12か月栽培ナビシリーズ」のナビゲーター。どんな植物でもうまく紹介できるか、じつは少し緊張気味。

本書はクリスマスローズ（ヘレボルス・ヒブリダス *Helleborus × hybridus*）の作業や管理を、1月から12月に分けて詳しく解説しています。

- 「ヘレボルス・ヒブリダス」には適切な和名がなく、学名のカタカナ表記のままではなじみがないため、本書では「交配種」と記します。
- 本書では交配種の株を、開花株（一度は開花したことのある株）、開花見込み株（翌年の開花シーズンに開花が見込まれる株）、5号未満の苗、発芽苗（発芽直後から、3号ポットに移植し根づくまで）に分けて解説しています。

＊「クリスマスローズの花図鑑」（15〜33ページ）では、花の咲き方、花色、模様の順に分けて掲載しています。シリーズ名（89ページ参照）がつけられた特徴ある個体には、文末に「○○○○」と記しています。

＊「12か月栽培ナビ」（35〜85ページ）では、月ごとの主な作業と管理を、初心者でも必ず行ってほしい 基本 と、中・上級者で余裕があれば挑戦したい トライ の2段階に分けて解説しています。主な作業の手順は、適期の月に掲載しています。

＊「クリスマスローズをさらに詳しく」（87〜95ページ）では、知っておきたい栽培知識や病害虫の防除方法を詳しく解説しています。

今月の作業を
リストアップ

今月の管理の要点を
リストアップ

基本
初心者でも必ず行ってほしい作業

トライ
中・上級者で余裕があれば挑戦したい作業

- 本書は関東地方以西を基準にして説明しています。地域や気候により、生育状態や開花期、作業適期などは異なります。また、水やりや肥料の分量などはあくまで目安です。植物の状態を見て加減してください。
- 種苗法により、種苗登録された品種については譲渡・販売目的での無断増殖は禁止されています。株分けなどの栄養繁殖を行う場合は事前によく確認しましょう。

セミダブル・バイカラー
(ホワイト / グリーン)
白と黄緑色の複色花。丸弁のふんわりとした印象を、ピコティーと小花弁の濃い赤紫色が引き締めている。

クリスマスローズの
魅力と特徴

冬の定番となったクリスマスローズ。
なかでも交配種は育てやすく、
高い人気を誇ります。
多くの愛好家を引きつける、
その魅力を解説します。

Helleborus

クリスマスローズの魅力

1株ごとに花姿が異なる

　冬から早春に開花する、人気の高いクリスマスローズ。花が少ない時期に、色とりどりの美しい花を咲かせ、冬枯れの庭を温かい雰囲気で彩ります。

　クリスマスローズの花は咲き方、色、形、模様がバラエティーに富み、1株ごとに個性的な表情を見せます。その理由は、クリスマスローズの多くがタネでふやされていることにあります。1株ごとに花姿が異なり、似たものはあっても、同じものはありません。まさに自分だけの花選びが楽しめます。

丈夫で毎年花を咲かせる

　クリスマスローズは非常に丈夫な多年草で、栽培しやすいのも大きな特長です。庭植えでも鉢植えでも、美しい花を毎年咲かせることができます。特に庭植えにした場合は、植えっぱなしでほとんど手がかかりません。大株に育つと、たくさんの花を咲かせ、とても見事です。清楚な一重咲きから、豪華な八重咲きまであるため、和洋を問わず雰囲気に合わせて楽しめます。

Column

クリスマスに咲かない理由

　ホームセンターや園芸店で「クリスマスローズ」としてよく目にするのは、交配種（ヘレボルス・ヒブリダス *Helleborus* × *hybridus*）です。「クリスマスローズ（Christmas rose）」という名前は本来、イギリスでクリスマスのころに咲き始める、原種のヘレボルス・ニゲル（*Helleborus niger*）につけられた英語名です。交配種につけられた名前ではありません。交配種はクリスマスのころにではなく、2～3月に開花します。

純白の花を咲かせるヘレボルス・ニゲル。

ダブル・ピンク・ブロッチ
大きめの赤いスポットが密に重なる、ピンクの剣弁花。赤い覆輪が細く入り、花の輪郭を鮮明に見せている。

お気に入りの花をふやす楽しみ

　さらに、お気に入りの花を株分けでふやすことも、自分でタネをとってふやすこともできます。放っておいても昆虫が授粉することが多く、容易にタネがとれます。お気に入りの花からタネをとり、まいて育てる楽しみも味わえます。

　好みの花や変わった花を探す楽しみ、いろいろな花を集める楽しみ、ふやす楽しみなど、魅力あふれるクリスマスローズ。初心者から熱心な趣味家まで、楽しみ方は人それぞれです。皆さんも、クリスマスローズの栽培を始めてみましょう。

クリスマスローズの株のつくり

交配種とは

キンポウゲ科のクリスマスローズ属（ヘレボルス属）にはおよそ20種あり、いずれも多年草です。いろいろな種類が出回っていますが、流通量が最も多くよく目にするのは、交配種（ヘレボルス・ヒブリダス *Helleborus × hybridus*）です。

「交配種」はいくつもの原種をもとに、交配を繰り返すことによって誕生しました。本格的な品種改良は19世紀後半から始まり、100年以上の歳月をかけて、原種とはかけ離れた花を咲かせる現在の花姿がつくり出されたのです。原種に比べて、栽培しやすく、花色がバラエティーに富むのが特徴です。交配種の多くはタネでふやされているため、性質、花色、花形が1株ごとに異なり、園芸品種名がついていません。

園芸店やホームセンターでは、「ヘレボルス・ヒブリダス」の名前で販売されることはほとんどありません。「交配種」として販売されることもありません。多くの店頭では単に「クリスマスローズ」の名前で販売されています。

花弁が退化した花

クリスマスローズ属（ヘレボルス属）は、茎の有無によって「有茎種」と「無茎種」に区分されますが、交配種（ヘレボルス・ヒブリダス）は無茎種です。

一般に「花弁」と呼ばれている部位は、正確には「萼片」です。本来の花弁は退化して、「ネクタリー（蜜腺）」と呼ばれる部位になっています。本書でも萼片を「花弁」として解説します。シングル（一重咲き）の花弁（萼片）の枚数は5枚ですが、1～2枚増減することもあります。

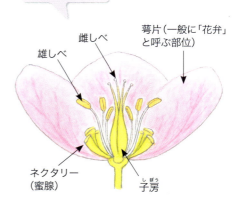

交配種の花

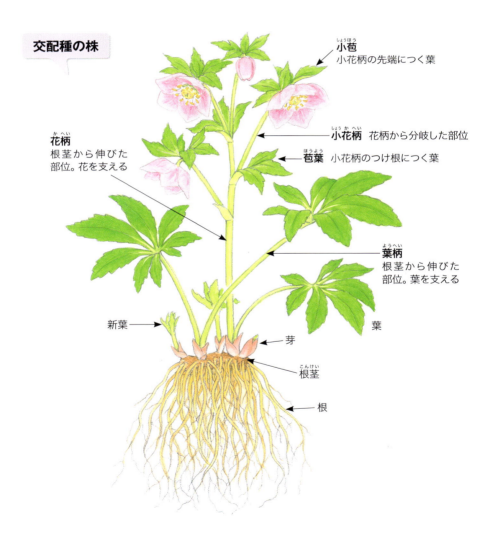

交配種の株

小苞 小花柄の先端につく葉

小花柄 花柄から分岐した部位

苞葉 小花柄のつけ根につく葉

葉柄 根茎から伸びた部位。葉を支える

花柄 根茎から伸びた部位。花を支える

新葉

葉

芽

根茎

根

花の咲き方と花形

花の咲き方

交配種の花は咲き方によって、シングル、セミダブル、ダブルの3種類に分けることができます。

● **シングル（一重咲き）** 原種（※）と同様に、クリスマスローズ本来の咲き方。花弁の数は5枚が基本だが、1〜2枚の増減がある花が咲くこともある。つくりがシンプルなので、花の模様がはっきりと見える。楚々とした印象の花が多いといえる。

● **セミダブル（半八重咲き）** ネクタリーが小花弁へと変化した花。小花弁の形状には、筒状、ハート形、しゃもじ状などがある。なかにはダブルと見分けがつきにくいものもあるが、セミダブルの小花弁は花が咲き進むと散ってしまう。儚げな風情が楽しめる花として好まれている。

セミダブルはダブル作出の過程で偶然生まれるため、生産量はダブル、シングルに比べて少なめ。小花弁の色、模様、形状など、改良の余地が多く残されていて、今後の増産と改良が期待される。

● **ダブル（八重咲き）** ネクタリーが花弁へと完全に変化した花。セミダブルの小花弁とは異なり、花後も花弁が散らずに残るのが特徴。花弁の枚数はさまざまで、なかには70枚以上の花弁をもつ多弁花もある。ボリューム感があり、豪華な雰囲気の花が多いといえる。

数は少ないものの、ダブルには「ヒデコートダブル系」のようにネクタリーが残ったまま、5枚の花弁に変化が生じて枚数がふえたものもある（31ページ参照）。この「ヒデコートダブル系」のネクタリーがさらに小花弁へと変化した個体（31ページ参照）も生まれている。

花形

交配種の花は満開時（雄しべから花粉が出始めたとき）の花の開き具合によって、カップ咲き、平咲き、星咲きの3種類に分けることができます。

● **カップ咲き** お椀形に咲く花形。開き気味のものから、筒状に近いものまで、形状はさまざま。

● **平咲き** 花弁が湾曲せずに、平らに開いて咲く花形。花の表情がよく観察できる。

● **星咲き** 細い花弁が重ならずに咲く花形。

※ 原種にもまれにダブル、セミダブルが出現する。

交配種の花の咲き方

シングル
ネクタリーがある

ダブル
ネクタリーが花弁に変化

セミダブル
ネクタリーが小花弁（筒状）
に変化

セミダブル
ネクタリーが小花弁（しゃもじ状）
に変化

花弁の形状

　交配種の花弁はその形状によって、丸弁と剣弁の2種類に分けることができます。

● 丸弁　縁が丸くなっている花弁。幅広の花弁の場合、花弁と花弁が重なり合って、花全体では円に近い形状になる。花弁の数枚が剣弁に近い丸弁花もよく見かける。

● 剣弁　縁の中心がとがっている花弁。幅広の花弁で重なり合うもの、細弁で重なり合わないもの、星形になるものなど、変化に富んでいる。

花の咲く向き

　咲く向きによって、下向きと上向に分けることができます。

● 下向き　下を向いて、うなだれて咲く花。交配種のもとになった原種の多くは小花柄が長く、下向きに咲く。

● 上向き　花が横向き、あるいはやや上向きに咲く花。品種改良によって、上向きに咲く花がふえている。花の模様が観察しやすく華やかに見えるが、あまり上向きになると、花が雨で傷みやすくなる。

花の大きさ

　一般に花径4cm未満を小輪、花径4cm以上〜6cm未満を中輪、花径6cm以上を大輪と呼ぶことが多いようです。

花の模様と花色

交配種の花の模様

 代表的な模様は無地、ピコティー（覆輪）、スポット、ベイン、ネット、アイ、フラッシュ、ブロッチ、バイカラーの9種類です。模様は単独で現れる場合もありますが、多くは複合した状態や中間的な形質として現れます。

- **無地** 花弁に模様がまったく入らない。欧米では、一般的にプレーンといわれている。クリアーな色の花は希少。
- **ピコティー（覆輪）** 花弁の縁に沿って、花弁の色とは異なる色が糸状、あるいは帯状に入る。ピコティーの多くは、花弁よりも濃い色になる。帯状に入る場合は、花の中心に向かって薄くグラデーションになる変異なども楽しめる。

ダブル・ピンク・ネット
ピンクの花弁に、赤いベインとスポットが全体に広がり、ネット状になっている。全体に濃い色合いで、迫力がある。

- **スポット** 花弁に小さな斑点が入る。斑点の色はピンク、赤、茶、紫など。スポットの入り方はまばらなもの、密なもの、花弁の一部だけに入るもの、花弁全体に入るものなど、さまざま。
- **ベイン** 花弁に脈状の模様が入る。四方に広がるものが一般的だが、直線的に入るものもある。
- **ネット** 花弁にスポットとベインが重なるように入り、網目状になる。花弁全体にスポットとベインがバランスよく網目状に広がる個体はまれ。
- **アイ** 花弁のつけ根にだけスポットが密に広がり、花全体では目のようになる。フラッシュとは違ってスポットが広がらない。
- **フラッシュ** 花弁のつけ根から縁に向かって、スポットが密に広がる。花全体では星形になる。花弁の地色が薄めだと、鮮明に浮き上がって見える。
- **ブロッチ** 大きめのスポットが密に重なり合った状態。大きな斑点のように見える。スポットの重なり具合が粗く、すき間が見える個体が多く、完全なブロッチは少ない。
- **バイカラー** 花弁の内側が2色で構成されるタイプと、花弁の内側と外側とで色が異なるタイプがある。

交配種の花の模様

花の模様は全部で9種類。同じ模様でも株ごとに印象が大きく異なります。

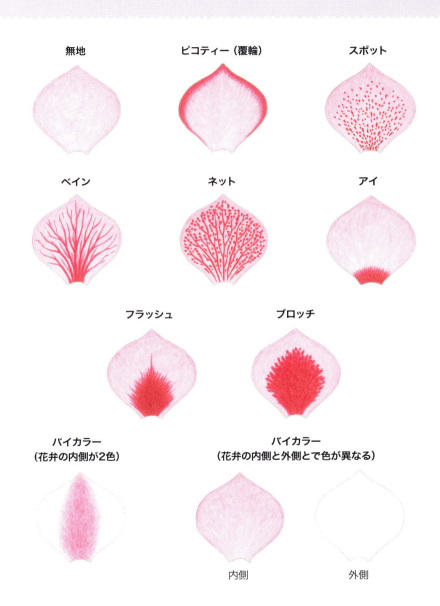

13

小苞、苞葉が黄色みを帯びたオーレア系。写真はダブル・オーレア・ベイン（オーレア・レッド系）。

交配種の花色

　花色には、白、緑、黄、オーレア（黄金色）、アプリコット色、ピンク、赤、紫、黒などがあり、中間的な色合いも多く、例えば、黒花でも、赤黒色、黒紫色、青黒色と色調に幅があります。

　2000年代に入って登場したオーレア系は緑色の色素が少ないため、濃い黄色に発色します。最近の品種改良では、オーレア・レッドやオーレア・ホワイトなど、オーレア系の色幅も広がっています。オーレア系は、花色が鮮明で退色しにくいのが特徴です。葉色も通常の緑色ではなく、黄色みを帯びています。

　交配種は栽培環境（主に気温）、株の充実度合いによって、花色が変化します。特に開花1年目（初花を咲かせた年。市販の開花株の多くが相当する）と、2年目以降とでは花色の濃度が異なる場合が多いようです。

オーレア系の葉は、黄色が交じった色合いとなる。

　一般に、寒さに当ててじっくりと咲かせると濃く発色しますが、温度を上げて短時間に開花させると薄く発色します。特に、購入株は、生産者の栽培環境が一般とは異なることもあり、2年目以降、株が充実すると色変わりすることはよくあります。また、咲き進むと花色があせていきます。

シングル・ピンク・ネット

丸弁カップ咲きのきれいな整形花。濃いピンクのネットが入るが、ほとんど無地のように見える。ややうつむきかげんの立ち姿も美しい。

クリスマスローズの花図鑑

交配種の花をシングル、セミダブル、ダブルに分け、代表的な花色、模様を紹介します。好みの花がきっと見つかります。

Helleborus

ホワイト・無地

特徴的な細長い花弁が目を引く星咲き。花弁の先端が波打ち、動きを感じさせる。花弁の先端に向かって伸びる黄緑色が、よいアクセントになっている。

ホワイト・ブロッチ

赤紫色のブロッチと、白い花弁との対比が印象深い。ブロッチが密に入ることで、白い縁取りが強調され、星形に見える。

ホワイト・ピコティー

整った丸弁の美しさを際立たせる、紫色の覆輪が魅力。平咲きであるため、ダークな色合いのネクタリーが鮮明に見える。

ホワイト・無地

端正な丸弁カップ咲き。シンプルな白色単色は、見飽きることがない。花弁のつけ根ににじむ黄緑色が、花を立体的に見せている。

ホワイト・ピコティー

花弁の縁の赤い覆輪から、にじむように広がるグラデーションがとても美しい。ピンク花のように見えるが、地色は白。

Helleborus
シングル（一重咲き）

ホワイト・ベイン

パステルで描いたような、特徴ある模様が見どころ。白地に赤いベインが、ぼかすように広がっている。写真は「パステリッシュ」。

↓ ホワイト・フラッシュ

フラッシュとネクタリーの落ち着いた赤紫色がポイント。平咲きの純白花を美しく引き立てている。

ホワイト・スポット

赤いスポットが霧状に入る白花。スポットの入り方は均一ではないが、独特の趣があり、地味になりがちな白花をかわいらしく見せている。

Helleborus
シングル
（一重咲き）

クリーム色・ベイン

赤いベインがぼかすように入る、淡いクリーム色の花。赤い覆輪も加わって、やわらかな表情となっている。写真は「パステリッシュ」。

イエロー・ベイン

花弁中央に直線的に入る赤いベインがポイント。赤い細覆輪とともに、レモンイエローの花をキリリと引き締めている。

↑ グリーン・ネット

えんじ色のベインとスポットが網状に密に重なって、緑色の地を覆う。強烈な存在感があり、目をみはる。

グリーン・フラッシュ

シックなあずき色に染まった、緑色の平咲き。通常のフラッシュとは異なり、地色がフラッシュ状にきれいに残るのは珍しい。

アプリコット・アイ

キュートな濃いアイが目を引く。花弁外側の濃いピンクと、内側の黄色が光に透けて、やわらかなオレンジ色にも見える。

アプリコット・フラッシュ

丸弁の深いカップ咲き。コロンとした花形が花色の美しさを引き立て、濃いフラッシュが奥行き感をもたらしている。

オーレア・ピコティー

幅広の鮮やかな覆輪が目を奪う、オーレア・ゴールド系。橙色のフラッシュが入り、星形に浮き出て見える。写真は「ドルチェ」。

ピンク・フラッシュ

やわらかなピンクの花色を引き締める、赤いフラッシュが魅力。ネクタリーと花糸(雄しべの棒状部分)が赤褐色に色づくことで、さらに魅力を高めている。

Helleborus
シングル（一重咲き）

レッド・無地
黒みがかったシックな赤花。幅広の丸弁が重なり合い、光の加減によっては、黒くフラッシュが入ったようにも見える。

↑ ピンク・ブロッチ
えんじ色のブロッチが、花弁の縁をわずかに残して全面に広がる。強い印象を与えるが、半球状にふわりと広がる雄しべが表情を和らげている。

↑ ブラック・無地
わずかに赤みがかった黒花。少し大きめのネクタリーも黒く、黄色い雄しべをくっきりと浮き上がらせる。

バイカラー（レッド／ホワイト）
花弁の内側が赤で、外側が白。赤と白のやさしい対比が、美しさとかわいらしさを表現している。写真は「いちごみるく」。

Helleborus
セミダブル
（半八重咲き）

ホワイト・無地
筒状になった黄緑色の小花弁が、雄しべ、雌しべを守るように丸くこんもりと取り囲む。上向きに咲くため、花の表情がよく見える。

↓ ホワイト・無地
まろやかな印象を与える白花。小花弁は弁化の途上にあるため、ネクタリーの黄色に、花弁の白が交じる。

↓ ホワイト・スポット
小花弁がラッパ状に長く伸びる、丸弁カップ咲き。霧状のスポットが均一に入り、美しい。写真は「フレックル・キッス」。

↑ ホワイト・ピコティー
多弁化した濃い赤紫色の小花弁が、シンプルな白い花弁に映える。アンバランスだが、愛らしい花姿となっている。

21

Helleborus

セミダブル
（半八重咲き）

↑ イエロー・無地

猫の爪のように、くるんと丸まった小花弁がアクセント。一部の花弁の縁にわずかにピンクが入り、明るい印象を受ける。

オーレア・無地

すっきりとした花色が魅力のオーレア・ホワイト系。白と黄色に色づいた小花弁が、平咲きの花を美しく飾り立てる。

オーレア・無地

オーレア・ゴールド系。花のすべてが黄金に変わった、かわいらしい丸弁カップ咲き。小輪ながら花つきがよく、ボリューム感たっぷり。

イエロー・ピコティー

ハート形にも見える、筒状の小花弁を覆輪が際立たせる。幅広の短い丸弁が重なり合う、丸いフォルムがかわいらしい。

↑ アプリコット・無地

小花弁の黄色のアクセントが目立つ、ピンクがかったアプリコット花。筒状の小花弁が重なり、ボリューム感たっぷり。

オーレア・ベイン

花弁の先端が白く抜ける、独特な花色のオーレア・レッド系。小花弁に入るゴールドの縁取りが魅力を高めている。写真は「ソレイユ」。

↑ オーレア・ピコティー

小花弁が筒状のまま長く伸びた、オーレア・ゴールド系。小花弁はやや乱れ気味だが、覆輪とグラデーションが華やかに入り、心引かれる。

アプリコット・ピコティー

丸弁から剣弁まで、小花弁の形状が変化に富んだ花。花弁が丸弁で整っているため、小花弁のばらつきが気にならず、全体としてはまとまった印象を受ける。

Helleborus
セミダブル
(半八重咲き)

ピンク・無地

飽きのこない淡いピンクの剣弁花。やさしい色合いに心癒される。小花弁は先端が広がり、内側の黄色がきれいに見える。

アプリコット・ブロッチ

ブロッチではあるが斑点状ではなく、どちらかというと大きなスポットの集合体となっている点が希少。6弁花。

↓ ピンク・無地

しゃもじ状に大きく発達した小花弁が目を引く。ネクタリーの色を維持したまま、小花弁が発達するのは珍しい。花弁との対比で、バイカラーのように見える。

↑ ピンク・無地

幅広の丸弁が大きく重なり合い、模様のように濃いピンクとなっている。小花弁が3層に重なり、ボリューム感がある。

ピンク・スポット
桜色の花弁の中心部に、黄緑色のラインが入る。小花弁は黄緑色が強く発色し、赤紫色のスポットが小花弁の内側と花弁の底部に入る。

ピンク・スポット
かすれ気味に入るスポットが最大の特徴。和に通じる、独特の美しさをつくり出している。ピコティーが輪郭を際立たせ、さらに魅力的に。

↑ ピンク・無地
濃い赤紫色の小花弁に囲まれ、黄色の雄しべが鮮明に見える。花弁の脈が白く抜けて模様のように見えるが、無地として扱う。

↑ ピンク・ピコティー
花弁と小花弁の大きさのバランスがすばらしい。人気の高いペールピンクに、覆輪や小花弁の濃いピンクが映える。

Helleborus
セミダブル
（半八重咲き）

ピンク・ベイン
花の表情に深みを与えているのは、濃いピンクの小花弁。ベインがもたらすシックなたたずまいを、より魅力的に見せている。

↓ **ピンク・スポット**
大きめのスポットが密に入り、印象に残る花。花弁や小花弁はどれも乱れているが、全体としては不思議とうまくまとまっている。

↓ **レッド・無地**
シックな趣の黒みがかった赤花。深みのある濃い小花弁が、エレガントな落ち着きをもたらしている。

↓ **グレーパープル・ブロッチ**
赤紫色のブロッチが濃く入る、上品な灰紫花。深いカップ咲きで、小花弁が見えにくいが、黄色の雄しべが美しく映える。

ホワイト・ピコティー

白い花弁の縁に、黄緑色の覆輪が幅広に入る。光を透かして、薄絹を重ねたようなやわらかい印象を受ける。写真は「ピエラ」。

Helleborus
ダブル（八重咲き）

↓ ホワイト・無地	↓ ホワイト・ピコティー	↓ ホワイト・ピコティー
透き通るような、純白の花弁が魅力。花弁が重なり合っていても軽やかで、すっきりとした印象を受ける。	乳白色の地色に、ピンクのかすりがうっすらと広がる。絞り染めのようにも見え、温かみを感じさせる。	赤いグラデーションが明るい白地に映える、幅広の丸弁花。赤い覆輪と、縁から広がる繊細な色の変化に、目が留まる。

Helleborus
ダブル（八重咲き）

ホワイト・ベイン
赤いベインが直線的にクッキリと入り、白地によく映える。花弁の数が少なめだが、中心のやわらかな黄緑色が、この花を際立たせている。

ホワイト・ピコティー
純白の花弁にはっきりと入る、濃い赤の覆輪と絞りが美しい。花弁の重なりが強調され、鮮やかな印象を受ける。

ホワイト・フラッシュ
赤紫色のフラッシュが、鮮やかな印象を与える剣弁小輪花。八重咲きのフラッシュは花弁に隠れがちだが、やや平咲きであるため、はっきりと確認できる。

グリーン・ピコティー
濃いあずき色の覆輪が入る、渋めの緑花。細い覆輪が花の輪郭をくっきりと際立たせて、存在感を主張している。

オーレア・ピコティー

オーレア・ゴールド系。炎のように燃え上がる濃い赤が、ゴールドに加わり、輝きをさらに増している。結実し始めても退色しにくく、長く楽しめる。写真は「ルミナス」。

↓ グリーン・ピコティー

濃い紫色の覆輪と、ベイン状に伸びる模様が目を引く。うぐいす色の落ち着いた花色に、おもしろい花姿をつくり出している。

↓ イエロー・ピコティー

花弁の重なり具合が絶妙。コンパクトな小輪花であるため、ボリュームのある雄しべの存在感が、さらに強調されている。

↓ イエロー・ピコティー

オールドローズを思わせる、独特な咲き方の多弁花。弁底から広がる緑色が、花に柔らかみを与えている。

オーレア・ベイン

オーレア・アプリニット系。ネット状にも見える濃い赤のベインが、地色のアプリコット色全体に発達し、強烈な印象を与える。写真は「ネオン」。

ピンク・無地

重なる花弁の濃淡がポイント。内側の花弁に向かって、ピンクから桜色へと移り変わる、細やかなグラデーションが美しい。

↑ アプリコット・ピコティー

ピンクが強く発色したアプリコット花。糸状に入る濃いピンクの覆輪と、スポットが印象深い。多花性で1株でも存在感がある。

↑ アプリコット・スポット

ピンクに近いアプリコット花。スポットの一部がベインのように直線状に入り、アンニュイな雰囲気を漂わせる。

↑ ピンク・無地
長めの剣弁が垂れ下がるようにして咲く、特徴的な花。大きく波打つ花弁には、わずかにピンクの濃淡があり、彩りを増している。

↑ ピンク・スポット
ネクタリーを残したまま八重咲きになった、希少なヒデコートダブル系。やさしいピンクの花弁に、赤いスポットが映える。写真は「パピエ」。

↑ ピンク・スポット
ヒデコートダブル系がさらに進化し、ネクタリーが小花弁化した珍品。花弁全体に均一に入るスポットと小花弁に入る黄色の色合いがきれい。

ピンク・スポット
究極の剣弁咲き。クリスマスローズの花とは思えない変わりダネだが、とても美しい。濃い赤のスポットがよく目立ち、存在感を高めている。

Helleborus
ダブル
（八重咲き）

ピンク・ベイン

直線的に走り抜ける赤いベインに、目を奪われる。花弁はやさしい桜色だが、シャープな印象を受ける。

ピンク・ブロッチ

ボリューム満点のかわいらしい花。ブロッチが珍しくマットな色調であるため、落ち着いた印象を受ける。

レッド・無地

希少な美しい赤花。やや多弁化し、こんもりとした花弁の重なりが、花に奥行き感を与えている。

レッドパープル・ブロッチ

赤紫色の花弁に、濃いえんじ色の斑点が粗く入る。落ち着いた色調で、上品な印象を受ける。

Helleborus
ダブル
（八重咲き）

ブラックパープル・無地

マットな色調で深みのある、落ち着いたたたずまいの黒紫花。雄しべの黄色との対比が際立って美しく見える。

↓ **グレーパープル・ブロッチ**

灰紫色の花弁に、黒紫色の斑点が粗く入り、多弁花している。花の中心から外縁に向かって淡い色調に変化する。

↓ **レッドブラック・無地**

うつむきかげんに咲く剣弁花。細長く伸びた花弁が踊るように重なり合い、かわいらしい花姿を演出している。

↓ **ブラックパープル・無地**

丸弁でコンパクトに整った黒紫花。花弁が光を反射すると、漆を塗ったように輝いて見える。写真は「ピアノ・ブラック」。

Column

花つきや株姿にも注目

　クリスマスローズの品種改良では、同じ系統の花の交配を繰り返して、花の美しさを追求してきたため、花は美しいものの、芽がふえにくい株や、病気に弱い株が生まれやすくなりがちです。花を優先するあまり、ほかの優れた形質が失われてしまうわけです。

　しかし、生産者によっては花の美しさだけでなく、花つきのよさ、株姿のバランスを追求する品種改良を進めています。開花株を選ぶ際は、花一輪の姿形だけに注目しないで、花つきのよさ、株姿のバランスにも注目しましょう。市販される一般的な開花株（4.5〜5号鉢植えで初花を咲かせた状態）の場合、花柄が3本以上伸びていて、1花柄に3花ついていれば、かなり花つきがよいといえます。芽がふえにくい株を避けるため、株元に新芽が確認できる株を選びましょう。

　開花株の多くは古葉を切った状態で店頭に並びますが、葉を確認できるのであれば、葉柄が短い株を選ぶと株姿はコンパクトにまとまります。小さな花に長すぎる葉柄や、大きな花に短すぎる花柄などはバランスがよくないので避けたほうがよいでしょう。

シングル・ピンク・ベイン
小輪多花性を追求した個体。かわいらしい花をたくさんつけている。

セミダブル・ピンク・スポット
株姿のよさを追求した、星咲きの独特な花。三号鉢植えで多くの花柄を伸ばし、株姿がまとまっている。

ダブル・レッドブラック・無地

漆を塗ったような光沢をもつ黒花。光の当たり具合によっては、部分的に茶褐色にも見える。写真は「ピアノ・ブラック」。

12か月
栽培ナビ

主な作業と管理を
月ごとにわかりやすくまとめました。
毎月きちんと手をかけて、
自分だけの美しい花を
咲かせましょう。

Helleborus

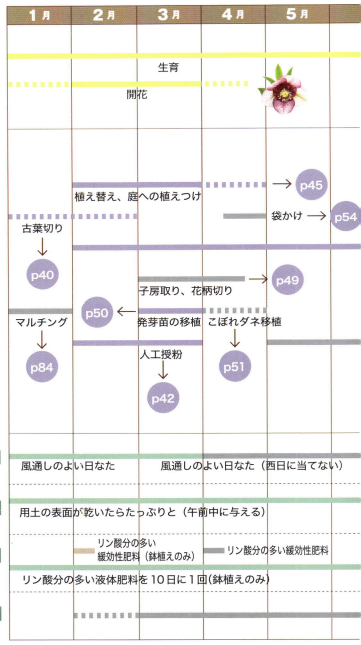

関東地方以西基準

	6月	7月	8月	9月	10月	11月	12月

半休眠　　　　　　　　　　　　　生育

花芽分化

p76 ～ p80

植え替え、株分け、庭への植えつけ、植え直し

p41

古葉切り

株元の整理（葉柄基部の除去、
花柄基部の除去）

p83

p62

p59 ～ p60

こぼれダネ移植　　　マルチング

タネの採取、花柄切り、
タネまき（とりまき）、タネの保管

タネまき（保管したタネ）

日よけ（50 ～ 70% 遮光）

p73

風通しのよい半日陰（または午前中だけ日が当たる場所）　　　風通しのよい日なた

葉水、打ち水

リン酸分の多い緩効性肥料　　　リン酸分の多い
　　　　　　　　　　　　　　　　緩効性肥料（鉢植えのみ）

活力剤を 10 日に 1 回（鉢植えのみ）　　リン酸分の多い液体肥料を 10 日に 1 回（鉢植えのみ）

37

January

1月

今月の主な作業

- 基本 古葉切り
- 基本 マルチング

基本 基本の作業
トライ 中級・上級者向けの作業

1月のクリスマスローズ

1年で最も寒い月です。開花株、開花見込み株の蕾が大きくふくらみます。暖冬の年は、1月下旬ごろから多くの株が開花し始めます。特に、日当たりのよい場所で栽培している鉢植えが真っ先に開花します。

厳寒期にあたるため、植え替え、株分けなどは行いません。前年にまいたタネは、1～2月に発芽します。

主な作業

基本 古葉切り

前シーズンの葉を切る

前シーズンに展開した葉を切り取る作業です。開花株と、開花見込み株にだけ行います。展開後1年近く経過した葉は、古くなってかなり傷んでいるので、葉柄の基部を3cm程度残して切り取ります（40ページ参照）。古葉切りを行うと、株元に日がよく当たり、糸状菌による病気の発生が減るほか、開花が早まります。

適期は11月下旬～12月ですが、適期に作業を行っていない場合や、新たに入手した開花株に古葉が残っている場合は、1～2月に行います。病気のまん延を防ぐため、ハサミは1株ごとに殺菌してから使用しましょう。

なお、積雪の少ない寒冷地では、古葉が寒風よけになるので、傷んでいても古葉を残します。積雪の多い寒冷地では、雪の下に長期間埋まっていると葉が腐るため、古葉切りを行います。

基本 マルチング

有機物で株元を覆う

12月に準じます（84ページ参照）。

蕾を大きくふくらませた開花株。

今月の管理

- ❄ 入手直後の株は徐々に寒さに慣らす
- 💧 鉢植えは用土の表面が乾いたら、庭植えは不要
- 🌱 鉢植えは液体肥料を10日に1回、庭植えは不要
- 🐛 特に発生しない

管理

🪴 鉢植えの場合

❄ 置き場：風通しのよい日なた

寒風が直接当たる場所や、エアコンの室外機の前は避け、株元に日ざしをよく当てます。

クリスマスローズは本来、寒さに強い植物ですが、栽培環境が大きく変化すると生育に影響を受けます。12～2月に出回る開花株は、温室などで管理されたものが多く、寒さにあまり慣れていません。いきなり寒さに当てると花柄が倒れるおそれがあるので、入手後数日間は、夜間のみ玄関の中などに取り込み、徐々に寒さに慣らします。

寒さで、花柄が垂れてしまった開花株。日中、暖かくなれば元に戻る。

💧 水やり：週に1～2回

用土の表面が乾いたら、水分が用土全体に行き渡るように、鉢底から流れ出るまで水をたっぷりと与えます。気温の低い早朝や夕方などを避けて、午前中に行います。空気が乾燥していても気温が低いので、用土は乾きにくくなります。

寒さで凍結すると、花柄が倒れることがあります。水切れを起こしているわけではないので、慌てて水を与えてはいけません。日中、暖かくなれば自然と元に戻ります。

🌱 肥料：液体肥料を10日に1回

リン酸分の多い液体肥料（N-P-K=5-10-5など）を10日に1回、規定倍率で水やり代わりに施します。雨の日は避け、晴れた日の午前中に施しましょう。用土全体に行き渡るように、鉢底から流れ出るまでたっぷりと施します。

12月上旬に置き肥を施していない場合は1月上旬に、リン酸分の多い緩効性化成肥料（N-P-K=8-12-10など）を施します（肥効期間が2か月程度の場合、次回は3月上旬に施す）。

🐛 病害虫の防除：特に発生しない

庭植えの場合

水やり：不要
　軒下など、雨が直接当たらない場所では、必要に応じて水を与えます。

肥料：不要

苗の管理

まいたタネ〜発芽苗
　昨年まいたタネは、1〜2月に発芽して双葉を展開します。発芽したばかりの苗は、霜や霜柱、凍結、寒風を避け、風通しのよい日なたで管理します。夜間だけ玄関の中に取り込むなどの工夫も必要です。水切れさせないように注意します。
　双葉が展開したら、リン酸分の多い液体肥料（N-P-K=5-10-5など）を10日に1回、規定倍率の2倍に薄めて水やり代わりに施します。

5号未満の苗
　風通しのよい日なたで管理します。リン酸分の多い液体肥料（N-P-K=5-10-5など）を10日に1回、規定倍率で水やり代わりに施します。根詰まり気味になっていたら、2月になってから植え替えます。

昨年まいたタネが発芽し、双葉を展開し始める。

基本 古葉切り
適期＝11月下旬〜12月
（新たに入手した株は1〜2月）

古葉を切っていない状態
新たに入手した開花株。傷んだ古葉がついたままになっている。

基部を3cm残して切る
葉柄の基部を3cm残して、ハサミで古葉を切り取った状態。

汁液によるウイルス感染を防ぐため、使用するハサミは1株ごとに、第三リン酸ナトリウム飽和液（5％）に数分間つけて殺菌する。火力の強いバーナー式ライターで、ハサミの刃をあぶると、より確実に殺菌できる。

February 2月

今月の主な作業

- 基本 株元の整理
- 基本 古葉切り
- 基本 開花株の植え替え
- 基本 開花株の庭への植えつけ
- トライ 人工授粉

基本 基本の作業
トライ 中級・上級者向けの作業

2月のクリスマスローズ

　開花見込み株や開花株が咲き始めます。2～3月の約2か月間が、開花最盛期です。全国各地で展示即売会が開催され、愛好家にとって一番楽しい時期となります。

　庭植えでマルチングを施している場合は、花芽のまわりのマルチング資材を取り除くと、花芽に日がよく当たり、開花が早まります。発芽苗は双葉がほぼ出そろいます。

開花最盛期を迎え、多くの株が次々に花を咲かせる。写真はダブル・ピンク・ベイン。

主な作業

基本 株元の整理

葉柄の基部が枯れたら取り除く

　古葉切り後2か月ほどで、残しておいた葉柄の基部が枯れるので、取り除きます。葉柄の基部を残しておくと、灰色かび病などが発生しやすくなります。基部が枯れていれば、指で簡単に抜き取ることができます。簡単に抜き取ることができない基部は、さらに枯れるまで待ってから抜き取ります。無理に引き抜くと、根が傷むので注意しましょう。

株元の整理
枯れて茶色になった、葉柄の基部を指で取り除く。

基本 古葉切り

　1月に準じます。

テラコッタ鉢に植えつけた開花株。

基本 開花株の植え替え
元肥は施さない

　新たに入手した開花株は2〜3月に、一〜二回り大きな鉢（1〜2号大きな鉢）に植え替えます。植え替え適期は本来10月ですが、市販の開花株は根詰まり気味になっていることが多く、植え替えを行わないと水はけ、通気性が悪くなり、根腐れを起こして枯れるおそれがあります。根をよくほぐしてから、植え替えます。鉢はスリット鉢やプラスチック鉢、テラコッタ鉢などを使用します。10月の植え替えとは異なり、元肥は施しません。用土に粒状の浸透移行性殺虫剤を混ぜておくと、アブラムシなどの発生を予防できます。

　植え替えによって根が傷んでいるので、花は子房がふくらむ前に摘み取りましょう。新芽や新葉を傷つけないように十分注意して作業を行います。

基本 開花株の庭への植えつけ
元肥は施さない

　植えつけ適期は本来10月ですが、植え替え同様、根腐れを防ぐため、新たに入手した開花株は2〜3月に、根をよくほぐしてから植えつけます。手順は10月に準じます（79ページ参照）が、10月の植えつけとは異なり、元肥は施しません。植えつけ1週間後に、リン酸分の多い緩効性化成肥料（N-P-K=8-12-10など）、またはリン酸分の多い緩効性有機肥料（N-P-K=5.5-6.5-3.5など）を株の周囲に置き肥として施します。花は子房がふくらむ前に摘み取りましょう。

トライ 人工授粉
晴れた日の午前中に行う

　タネを確実につけさせるためには、人工授粉を行います。適期は2〜3月。花粉がたくさん出る、晴れた日の午前中に行います。人工授粉には、自家受粉（同じ株の花粉を受粉させる）と他家受粉（ほかの株の花粉を受粉させる）とがありますが、作業は同じです。

人工授粉　適期＝2〜3月

綿棒やピンセットを雄しべにつけて、花粉を集める（❶）。集めた花粉を雌しべの先端に数回こすりつける（❷）。

今月の管理

- ❄ 入手直後の株は徐々に寒さに慣らす
- 💧 鉢植えは用土の表面が乾いたら、庭植えは不要
- 🌱 鉢植えは液体肥料と緩効性化成肥料、庭植えは不要
- 🐛 灰色かび病、アブラムシ

2月

管理

🪴 鉢植えの場合

❄ 置き場：風通しのよい日なた

1月に準じます。

💧 水やり：週に1～2回

1月に準じます。2月中・下旬になって花が旺盛に咲き始めると、用土がやや乾きやすくなります。

🌱 肥料：液体肥料を10日に1回、2月上旬に緩効性化成肥料

1月同様、リン酸分の多い液体肥料（N-P-K=5-10-5など）を10日に1回、規定倍率で水やり代わりに施します。雨の日は避け、晴れた日の午前中に施しましょう。用土全体に行き渡るように、鉢底から流れ出るまでたっぷりと施します。

さらに2月上旬に、リン酸分の多い緩効性化成肥料（N-P-K=8-12-10など）を置き肥として施します（1月上旬に施している場合は不要）。芽が肥料に触れると傷むため、置き肥は株元から離して、鉢縁に沿って施します。用土の中に少しだけ押し込んでおくと、水やりや鉢の移動の際に肥料が転がらな

置き肥は鉢縁に沿って施す。用土の中に少しだけ押し込むと、水やりや鉢の移動の際に肥料が転がらなくなる。

12月に施した置き肥のかす（左）は取り除く。

くなります。

12月上旬に施した緩効性化成肥料の置き肥は肥料分がなくなり、かすだけが残っているので、取り除きます。用土の表面は常にきれいな状態を保つようにしましょう。

病害虫の防除：灰色かび病、アブラムシ

灰色かび病は、新たに入手した開花株に発生することがあります。病斑が拡大する前に、見つけしだい患部を切り取り、殺菌剤を散布して、風通しのよい場所で管理します。

アブラムシは2月下旬になると発生するので、見つけしだい捕殺します。群れている場合は、茎ごと切り取りますが、見落としもあるので、スプレー式の殺虫剤を周辺の株も含めて散布しておきます。2月中旬ごろに浸透移行性殺虫剤を散布して予防します。

庭植えの場合

水やり：不要
1月に準じます。

肥料：不要

苗の管理

まいたタネ、発芽苗

ほとんどのタネが発芽し、双葉を展開します。管理は1月に準じます。1月よりも気温が上がるため、水切れに注意しましょう。殺菌剤を散布し、苗立枯病を予防します。

5号未満の苗

風通しのよい日なたで管理します。リン酸分の多い液体肥料（N-P-K=5-10-5など）を10日に1回、規定倍率で水やり代わりに施すほか、リン酸分の多い緩効性化成肥料（N-P-K=8-12-10など）を2月上旬に施します。

昨年10月に植え替えていない苗や、新たに入手した3号ポット苗は、一～二回り大きな鉢に植え替えます（80ページ参照）。元肥は施しません。

葉の裏側についたアブラムシ。

昨年まいたタネの多くが、双葉を展開する。

基本 開花株の植え替え

適期＝10月、2〜3月

植え替え用土
- ゼオライト（※） 1
- 赤玉土小粒 3
- 牛ふん堆肥 2
- 日向土小粒 3
- 腐葉土 1

3 根をよくほぐす
古い用土を落とし、根をよくほぐした状態。傷んだ根は切り取る。

1 開花期に入手した開花株
開花期に出回る、花つきの開花株。写真は4.5号ポット植え。

2 根鉢を肩、下部の順にくずす
根鉢の肩をくずしてから、根をていねいにほぐしていく。

4 一〜二回り大きな鉢に
一〜二回り大きな鉢に植えつける。写真は6号鉢。

5 植えつけ後に水やり
花を摘み取り、植えつけが終わった状態。水をたっぷりと与えておく。

※ ゼオライトの代わりに珪酸塩白土でもよい。

基本 開花株の植え替え（根詰まりを起こした場合）

根詰まり株の様子
根詰まりを起こした株。ビニールポットの側面に凹凸が生じている。

根詰まりを起こしたため、根が用土の上に露出している。

水につけて根をほぐす
根鉢を水につけて古い用土を落としながら、根をていねいにほぐしていく。

傷んだ根は切り取る
古い用土を落とし、根をよくほぐした状態。傷んだ根は切り取る。

根が固く巻いている
根詰まりを起こした株の根鉢。根鉢が固く、容易にはくずれない。

植え替えを行わなかったため、完全に根腐れを起こした株。

March
3月

今月の主な作業

- 基本 株元の整理
- 基本 開花株の植え替え
- 基本 開花株の庭への植えつけ
- 基本 子房取り
- 基本 花柄切り
- トライ 人工授粉

基本 基本の作業
トライ 中級・上級者向けの作業

3月のクリスマスローズ

　気温の上昇に伴い、ほとんどの開花株が次々と花を咲かせます。2〜3月が開花最盛期です。寒冷地や高冷地では、1か月ほど遅れて3〜4月に開花します。

　開花株は咲き進むにつれて、新葉を旺盛に展開し、子房がふくらみ始めます。苗は新葉を、発芽苗は本葉を展開します。

3月末までが開花最盛期。咲き終わって、子房がふくらみ始める花もある。写真はセミダブル・イエロー・ピコティー。

主な作業

基本 株元の整理
　2月に準じます。

基本 開花株の植え替え
　2月に準じます。適期は2〜3月。

基本 開花株の庭への植えつけ
　2月に準じます。適期は2〜3月。

基本 子房取り
子房を指で摘み取る
　タネを採取しない場合は、子房がふくらみ始めたら、子房を指で摘み取ります（49ページ参照）。適期は3月〜4月中旬。放置すると、タネの形成に栄養が奪われます。タネを採取する場合は、子房取りは行いません。

基本 花柄切り
基部を3cm残して切り取る
　子房取りを行ったあと、すべての花の花弁が色あせてきたら、花柄を株元から3cmほど残してハサミで切り取ります（49ページ参照）。適期は3月〜4月中旬。使用するハサミは1株ごとに殺菌します（40ページ参照）。

トライ 人工授粉
　2月に準じます（42ページ参照）。適期は2〜3月。

今月の管理

- 鉢の間隔をあけ、株の蒸れを防ぐ
- 鉢植えは用土の表面が乾いたら、庭植えは不要
- 鉢植えは液体肥料、庭植えは不要
- 病害虫の発生に注意

管理

鉢植えの場合

置き場：風通しのよい日なた

1月に準じます。新葉が周囲に広がります。隣接する株と葉が触れ合うと、株が蒸れやすくなるので、鉢の間隔をあけます。

水やり：週に2回程度

1月に準じますが、新葉が展開するため、用土はやや乾きやすくなります。

肥料：液体肥料を10日に1回

1月に準じます。2月上旬に置き肥を施していない場合は3月上旬に、リン酸分の多い緩効性化成肥料（N-P-K=8-12-10など）を施します。

病害虫の防除：灰色かび病、ブラックデス、モザイク病、アブラムシ

灰色かび病は柔らかい新葉に発生します。見つけしだい、患部を切り取り、殺菌剤を散布して風通しのよい場所で管理します。ブラックデスやモザイク病は新葉に発生します。見つけしだい、鉢ごと廃棄します。

アブラムシは見つけしだい捕殺するか、即効性のある液状の殺虫剤を散布して防除します。

庭植えの場合

水やり：不要

1月に準じます。

肥料：不要

苗の管理

発芽苗

多くの発芽苗が本葉を展開します。本葉が展開したら、1苗ずつ3号ポットに移植します（50ページ参照）。双葉だけの苗も、3月中に移植します。

移植後に、苗立枯病の予防のため、殺菌剤を散布しておきます。2週間ほど半日陰で管理し、水やり代わりに活力剤を施します。その後、徐々に日なたに移動させます。2週間ほどで根づくので、以後は「5号未満の苗」として管理します。

5号未満の苗

風通しのよい日なたで管理します。リン酸分の多い液体肥料（N-P-K=5-10-5など）を10日に1回、規定倍率で水やり代わりに施します。

昨年10月に植え替えていない苗や、新たに入手した3号ポット苗は、一〜二回り大きな鉢に早めに植え替えます（80ページ参照）。

基本 子房取り
適期＝3月〜4月中旬

ふくらみ始めた子房
雄しべがすべて落ちて咲き終わり、子房がふくらみ始めた花。

指で子房を摘み取る
ふくらみ始めた子房を指で摘み取る。タネをとる場合は、摘み取らずに残す。

咲き終わったら花柄切り
子房を摘み取った状態。同じ花柄の花がすべて咲き終わったら、花柄切りを行う。

基本 花柄切り
適期＝3月〜4月中旬

花が咲き終わった花柄
開花中の株。右端の花柄は花がすべて咲き終わっている。

基部を3cm残して切る
咲き終わった花柄から順に、基部を3cm残して切り取る。

残りの花柄も同様に切り取る
基部を3cm残して花柄を切り取った状態。残った花柄も同じように順次、切り取る。

🌱 発芽苗の移植　適期＝3月

1 本葉を展開した発芽苗
3月になると多くの発芽苗が本葉を展開する。移植は3月中に行う。

2 発芽苗の根の様子
本葉を展開した発芽苗（左）、双葉だけの発芽苗（右）。

3 3号ポットに植えつける
3号ポットに、赤玉土小粒3、日向土小粒3、牛ふん堆肥2、腐葉土1、ゼオライト1の配合土を入れる。

4 葉柄を指で持つ
本葉か双葉の葉柄を指先で持って、植えつける。根には触れない。元肥は施さない。

5 軽く押さえつける
双葉のつけ根が用土に埋まるように植えつけ、軽く押さえる。

6 2週間は半日陰で
水をたっぷりと与えて移植完了。2週間ほど半日陰で管理する。

April
4月

今月の主な作業
- 基本 株元の整理
- 基本 子房取り 基本 花柄切り
- 基本 開花株の植え替え
- トライ こぼれダネの移植
- トライ 袋かけ

基本 基本の作業
トライ 中級・上級者向けの作業

4月のクリスマスローズ

4月中旬ごろまでは開花し続ける株もありますが、花の盛りは終わっています。多くの花の雄しべが落ちて、子房がふくらみ、花弁が色あせていきます。タネをとらない場合は、早めに花柄を切り取りましょう。

4月下旬には、タネとり用に残した花の子房が大きくふくらむほか、若々しい淡緑色の新葉を旺盛に展開し始めます。

子房が大きくふくらんだ花。5月～6月上旬のタネの成熟期まで、さらに大きくふくらむ。

主な作業

基本 株元の整理
2月に準じます。

基本 子房取り
適期は4月中旬まで。3月に準じます。

基本 花柄切り
適期は4月中旬まで。3月に準じます。

基本 開花株の植え替え
根鉢は完全にはくずさない
2月に準じます。ただし、4月に行う場合は、気温が上昇して降水量がふえるため、根鉢の肩と下部3分の1程度を軽くくずすだけにします。

庭への植えつけは行いません。そのまま維持せずに、鉢に植え替えておき、10月に庭に植えつけます。

トライ こぼれダネの移植
開花株のまわりで発芽した苗を育てる
庭植え株のこぼれダネから発芽した苗を移植します。適期は10月ですが、4月も可能です。手順は3月の「発芽苗の移植」に準じます（50ページ参照）。

トライ 袋かけ
タネの散逸を防ぐ
タネをとる場合は、花全体を茶こし袋で包みます。適期は4月中・下旬です。

今月の管理

- 西日に当てない
- 鉢植えは用土の表面が乾いたら、庭植えは不要
- 鉢植えは液体肥料と緩効性化成肥料、庭植えは緩効性肥料
- 病害虫の発生に注意

管理

🪴 鉢植えの場合

☀ 置き場：風通しのよい日なた

西日の当たらない場所で管理します。新葉が茂るため、風通しが悪くなりがちです。鉢の間隔を十分にとって、株の蒸れを防ぎます。

💧 水やり：週に2～3回

新葉が旺盛に展開し、用土が乾きやすくなります。用土の表面が乾いたら、用土全体に水分が行き渡るように、鉢底から流れ出るまで水をたっぷりと与えます。水やりは晴れた日の午前中（理想は午前10時ごろまで）に行います。新葉が茂るため、葉の上から水を与えると、水分が十分に浸透しません。用土に直接、水を与えましょう。水流が強すぎると、用土が飛び散るので、ハス口をつけて行います。

🌱 肥料：液体肥料を10日に1回、4月上旬に緩効性化成肥料

リン酸分の多い液体肥料（N-P-K=5-10-5など）を10日に1回、規定倍率で水やり代わりに施します。雨の日は避け、晴れた日の午前中に、鉢底から流れ出るまでたっぷりと施します。

さらに4月上旬に、リン酸分の多い緩効性化成肥料（N-P-K=8-12-10など）を置き肥として施します（3月上旬に施している場合は不要）。5月下旬には効き目がなくなるようにするため、肥効期間が2か月程度の肥料を選びます。2月上旬に施した置き肥のかすは取り除きます。

🐛 病害虫の防除：灰色かび病、うどんこ病、べと病、ブラックデス、モザイク病、アブラムシ、ハダニ、ハモグリバエの幼虫（エカキムシ）、アオムシ

灰色かび病、うどんこ病、べと病は、柔らかい新葉に発生しやすいので、見つけしだい、患部を切り取り、殺菌剤を散布します。ブラックデスやモザイク病は新葉や花弁に発生します。見つけしだい、鉢ごと廃棄します。特に、年数のたった古株や、新たに入手した株に発生することがあります。

新葉が茂るため、葉の上から水を与えず、用土に直接、水をたっぷりと与える。

灰色かび病
灰色かび病を発症した新葉。発症した葉を切り取り、殺菌剤を散布する。

ブラックデス
ブラックデスを発症した新葉。ほかの株への感染を防ぐため、残念だが鉢ごと廃棄する。

モザイク病
モザイク病を発症した新葉。ほかの株への感染を防ぐため、残念だが鉢ごと廃棄する。

アブラムシに加え、4月下旬になるとハダニが発生します。いずれも見つけしだい、即効性のある液状の殺虫剤を散布して防除します。ハモグリバエの幼虫（エカキムシ）、アオムシは、見つけしだい、捕殺するほか、浸透移行性殺虫剤を4月中旬に散布して防除します。

庭植えの場合

水やり：不要
1月に準じます。

肥料：4月上旬に緩効性肥料
4月上旬に、リン酸分の多い緩効性化成肥料（N-P-K=8-12-10など）、またはリン酸分の多い緩効性有機肥料（N-P-K=5.5-6.5-3.5など）を株の周囲に置き肥として施します。

苗の管理

5号未満の苗
西日の当たらない、風通しのよい日なたで管理します。リン酸分の多い液体肥料（N-P-K=5-10-5など）を10日に1回、規定倍率で施すほか、リン酸分の多い緩効性化成肥料（N-P-K=8-12-10など）を4月上旬に施します。

3月に3号ポットに移植した発芽苗は、根づいたあとは「5号未満の苗」として管理します。葉が柔らかく乾燥に弱いため、水切れさせないように注意します。用土の量が少ないので、緩効性化成肥料の置き肥は施さず、リン酸分の多い液体肥料（N-P-K=5-10-5など）を10日に1回、規定倍率で施します。

トライ 袋かけ　適期＝4月中・下旬

1

袋かけはタネの飛散防止
咲き終わって、子房がふくらみつつある花（中央）。タネをとる場合は、茶こし袋をかぶせる。

4

花柄を折らないように
茶こし袋で、花全体をていねいに包み込む。花柄を折らないように注意する。

2

大きすぎる小苞は切る
小苞が大きく、茶こし袋に入らない場合は、小苞をハサミで切り取る。

5

袋が外れないように留める
茶こし袋の口を、ホチキスで留める。外れないようにしっかり留めておく。

3

短く切った小苞
小苞を切り取った状態。ハサミは1株ごとに殺菌してから使用する。

6

タネがこぼれ落ちたら袋を外す
タネが茶こし袋の中にこぼれ落ちるまで、そのまま管理する。

ダブル人気とシングルの衰退

　2001年ごろまではダブルが希少であったため、かつて日本で生産されていた交配種はほぼシングルでした。その後、ダブルが普及すると、日本でのシングルの生産量は激減し、ダブルの生産比率はシングルの2倍以上になりました（※）。

　シングルしかなかった市場に突如として出現したダブルは当初、その希少価値から非常に高値で取り引きされました。当然のことながら、愛好家は皆、ダブルを欲しがり、生産者や市場は高値で販売できるダブルの生産に傾倒していったのです。しかし、ダブルが普及したあとも、シングルよりも価格が高いという傾向は変わらず続き、現在に至っています。

　生産者にとっては、ダブルであろうとシングルであろうと、生産の手間や時間、経費は同じです。少しでも高く売れるダブルを生産するのは当然です。その結果、シングルの生産量が減っただけでなく、シングルの品種改良がほとんど止まってしまいました。生産者が大切に保有していた、優れた形質をもったシングルの親株も散逸しました。シングル全盛の時代に豊富にあったさまざまな変異、模様のバリエーションが失われてしまったのです。

　シングルには、ダブルにはない美しさがあります。ダブルだから高値という時代はそろそろ終わりにして、これからはダブル、シングルにかかわらず、美しい花、こだわりのある花、個性的な花に付加価値を見いだせるようにしたいものです。

※ セミダブルは、ダブルを生産する過程で少数生じるので、生産量がもともと少ない。価格はダブルとシングルの中間。

シングル・イエロー・フラッシュ
オーレア系ではない、純粋な濃い黄花はセミダブル、ダブルにも少なく、シングルでは見かけなくなってしまった。フラッシュやアイを楽しめるのもシングルならでは。

May
5月

今月の主な作業

- 基本 株元の整理
- トライ タネの採取、花柄切り
- トライ タネまき（とりまき）
- トライ タネの保管

基本 基本の作業
トライ 中級・上級者向けの作業

5月のクリスマスローズ

1年で最も日射量が多い月です。大きく展開した新葉が、若々しい淡緑色から深緑色に変わり、堅く締まっていきます。大きくふくらんでいた子房は裂けて、成熟したタネがこぼれ落ちます。灰色かび病などを発症して、地上部が枯れてしまうと、翌年開花しにくくなるので、株の状態をよく観察しましょう。時期外れ（5〜11月）に咲いた花はすぐに切り取ります。

タネが成熟してこぼれ落ち、子房が空になった花がら。

主な作業

基本 株元の整理

2月に準じます。

トライ タネの採取、花柄切り

ゴミを取り除いて、タネを殺菌する

タネが成熟すると子房が裂け、タネがこぼれ落ちます。袋かけを行った場合は、袋の中にたまったタネを採取し、ゴミやしいな（未熟なタネ）を取り除きます（59ページ参照）。適期は5月〜6月上旬。

充実したタネを殺菌剤に1時間ほど浸して殺菌します。浸す容器が深いと酸素不足になるので、浅めの容器を用います。クリスマスローズのタネは、乾燥させると発芽率が低くなるので、殺菌後はすぐにタネをまくか、タネを保湿して保管します。

採取後、花柄を株元から3cmほど残して切り取ります（49ページ参照）。

トライ タネまき（とりまき）

発芽するまでそのまま管理

殺菌したタネは、乾燥しないうちにまきます（60ページ参照）。適期は5月〜6月上旬。タネまき用土は赤玉土小粒に、くん炭を1割程度加えたものなどを使用します。双葉が展開するまでは、

56 基本 基本の作業 トライ 中級・上級者向けの作業

今月の管理

- ☀ 西日に当てない
- 💧 鉢植えは用土の表面が乾いたら、庭植えは不要
- 🌱 鉢植えは液体肥料、庭植えは不要
- 🐛 病害虫の発生に注意

タネの中に蓄えられた栄養分で育つため、肥料は不要です。

4号鉢にタネまき用土を7割程度入れて、水を散布して用土を湿らせます。その上に採取したタネを1cmほどの間隔をあけて30粒ほどまき、さらにタネまき用土を1cm程度かぶせてから再度、水を散布します。

タネまき後は軒下など、雨が直接当たらない、明るい日陰で管理します。用土の表面が乾いたら水をたっぷりと与えます。発芽は翌年1〜2月です。順調に生育すれば、発芽後2年で開花します。

トライ タネの保管

秋まで管理して、10月にタネをまく

殺菌したタネをすぐにまかない場合は、タネを少量のパーライトとともに茶こし袋に入れ、10月まで保管します（59ページ参照）。

保管中は軒下など、雨が直接当たらない、明るい日陰で管理します。用土の表面が乾いたら水をたっぷりと与え、完全には乾かさないように管理します。梅雨入り後は湿度が高く、用土が乾きにくくなります。水を与えすぎると、過湿によってタネが腐るので注意してください。

管理

🪴 鉢植えの場合

☀ **置き場：風通しのよい日なた**
　4月に準じます。

💧 **水やり：週に3回程度**
　4月に準じます。気温が上昇するので、急な水切れに注意します。

🌱 **肥料：液体肥料を10日に1回**
　リン酸分の多い液体肥料（N-P-K=5-10-5など）を10日に1回、規定倍率で水やり代わりに施します。雨の日は避け、晴れた日の午前中に施しましょう。用土全体に行き渡るように、鉢底から流れ出るまでたっぷりと施します。

　4月上旬に置き肥を施していない場合でも、緩効性化成肥料は施しません。

🐛 **病害虫の防除：灰色かび病、うどんこ病、べと病、軟腐病、アブラムシ、ハダニ、ハモグリバエの幼虫（エカキムシ）、アオムシ、ヨトウムシ**

　灰色かび病、うどんこ病、べと病は、見つけしだい、患部を切り取り、殺菌剤を散布して、風通しのよい場所で管理します。軟腐病は鉢ごと廃棄します。

　アブラムシは殺虫剤で、ハダニは殺ダニ剤で、それぞれ見つけしだい防除

57

ハモグリバエの幼虫の食害を受けた葉。

葉を食害するアオムシ。

黒い粒が、ハモグリバエの幼虫。白くなった部分は食害痕。

終齢に近づいたヨトウムシ。葉を食害する。

します。ハモグリバエの幼虫（エカキムシ）、アオムシ、ヨトウムシ（ヨトウガの幼虫）が葉を食害します。見つけしだい、捕殺してください。

　ヨトウムシは、若齢のうちは昼行性ですが、終齢に近づくと夜行性になり、夜間に葉を食害し、日中は用土の中に隠れてしまいます。葉が食害されていて、害虫が見つからないときは、ヨトウムシによる食害を疑ってください。日中に、水を入れたバケツに鉢ごとつけると、用土中のヨトウムシが苦しがって用土の上に出てくるので、これを捕殺します。

🏠 庭植えの場合

💧 **水やり：不要**
　1月に準じます。

🎲 **肥料：不要**

🌱 苗の管理

5号未満の苗

　西日の当たらない、風通しのよい日なたで管理します。葉が傷まないように強い直射日光を避け、水切れにも注意します。3月に移植した3号ポット苗は、本葉が傷むと、成長が大幅に遅れ、枯死するおそれがあります。リン酸分の多い液体肥料（N-P-K=5-10-5など）を10日に1回、規定倍率で施します。

トライ タネの採取
適期＝5月～6月上旬

袋にタネがたまった状態
袋かけを行った株。茶こし袋の中に、タネがたまっているのがわかる。

しいなを除いて殺菌
袋にたまったタネを採取し、ゴミとしいなを取り除き、殺菌剤に1時間浸す。

クリスマスローズのタネ

充実したタネ
ふくらんでいて、しわが寄っていない。すぐにまくか、保管して10月にまく。

しいな
未熟なタネ。まいても発芽せず、カビが生えるおそれがあるので、取り除く。

トライ タネの保管
適期＝5月～6月上旬

殺菌後、茶こし袋に入れる
殺菌したタネを少量のバーミキュライトとともに、茶こし袋に入れる。

バーミキュライトに埋める
交配の記録を記したラベルを茶こし袋に入れ、バーミキュライトを入れた6号鉢に据える。

明るい日陰で管理する
バーミキュライトで覆土して、水をたっぷりと与え、雨の当たらない明るい日陰で管理する。

トライ タネまき（とりまき） 適期＝5月〜6月上旬

1

殺菌後、水気を軽く拭く
殺菌剤に1時間浸した、充実したタネ。水気を軽く拭いておく。

4

1cm覆土する
②の用土で1cm程度覆土する。タネが動かないようにていねいに行う。

2

1粒ずつタネをまく
赤玉土小粒に、くん炭を1割加えたものを4号鉢に入れ、水を散布してからタネをまく。

5

雨に当てない
水をたっぷりと与え、雨が直接当たらない場所で管理する。

3

間隔は1cmほどあける
タネをまいた状態。タネの間隔を1cmほどあけて、30粒程度まく。

June
6月

今月の主な作業

- 基本 株元の整理
- トライ タネの採取、花柄切り
- トライ タネまき（とりまき）
- トライ タネの保管

基本：基本の作業
トライ：中級・上級者向けの作業

6月のクリスマスローズ

6月に入ると、関東地方以西では梅雨入りします。高温多湿となり、クリスマスローズにとって過ごしにくい季節です。梅雨の晴れ間は、株が蒸れやすくなります。

クリスマスローズの成長は止まったように見えますが、花芽分化（花芽をつくる）の時期です。苗の根はゆるやかに成長を続けています。時期外れ（5〜11月）に咲いた花はすぐに切り取ります。

株の状態は5月とほぼ変わらないが、株の内部では花芽分化が始まっている。

主な作業

基本 株元の整理
花柄の基部、置き肥、雑草を取り除く

3月〜4月中旬の花柄切りで残した、花柄の基部が枯れてきたら、指で抜き取ります。半休眠状態になる6月以降に肥料を効かせないようにするため、施した置き肥はすべて取り除きます。

雑草取りは、株元だけでなく、周辺も含めて行います。雑草があると病害虫の温床になります。6月〜9月中旬は雑草が生えやすいので、こまめに抜き取ります。

株元の整理後、根が地表に露出している場合は、深植えにならないように注意して、用土を補充しておきます。

トライ タネの採取、花柄切り
適期は5月〜6月上旬。5月に準じます。

トライ タネまき（とりまき）
適期は5月〜6月上旬。5月に準じます。

トライ タネの保管
適期は5月〜6月上旬。5月に準じます。

基本 株元の整理

切り残した花柄の基部が枯れたら、指で抜き取る。

雑草は病害虫の温床
鉢内に雑草が生えた状態。株元に日ざしが当たりにくくなるほか、病害虫の温床にもなる。

雑草を抜き取る
雑草はこまめに抜き取り、根が露出している場合は、用土を足しておく。

今月の管理

- 半日陰に移動させる
- 鉢植えは用土の表面が乾いたら、庭植えは不要
- 不要
- 病害虫の発生に注意

管理

鉢植えの場合

置き場：風通しのよい半日陰

6月〜9月中旬まで（秋雨が終わるまで）、風通しのよい半日陰（または風通しがよく、午前中だけ日が当たる場所）で管理します。強い日ざしや西日は避けます。

適切な場所がない場合は、寒冷紗（遮光率50〜70％）、よしず、すだれなどで日よけを施し、鉢内の温度を下げます。日よけ資材が株に近すぎると、遮光が適切に行えないので、株から1.5m程度離して資材を設置します。日よけの施し方によっては、風通しが悪くなって株が蒸れるおそれがあるので、注意してください。

水はけ、風通しが悪い場合は、花台を設置したり、すのこを敷いたりして、鉢の下にすき間を設けます。コンクリートの上にじかに鉢を置いての管理は、輻射熱で鉢内が高温になるので避けましょう。

💧 水やり：週に3回程度

用土の表面が乾いたら、水分が用土全体に行き渡るように、鉢底から流れ出るまで水をたっぷりと与えます。気温が上がってから水を与えると、根や葉が傷むおそれがあるので、晴れた日の朝（午前5時〜8時）に水やりを行います。水やりを葉の上から行うと、葉が茂っていて十分に用土まで水分が浸透しないので、葉の下の用土に直接与えます（52ページ参照）。

🎲 肥料：不要

置き肥は6月上旬にすべて取り除きます。6月〜9月中旬まで（秋雨が終わるまで）は株が消耗しやすいので10日に1回、活力剤を施します。

🐞 病害虫の防除：灰色かび病、うどんこ病、べと病、軟腐病、アブラムシ、ハダニ、ハモグリバエの幼虫（エカキムシ）、アオムシ、ヨトウムシ

灰色かび病、うどんこ病、べと病が多発します。見つけしだい、患部を切り取り、殺菌剤を散布して、風通しのよい場所で管理します。殺菌剤の散布は、気温が高い日を避けて行いましょう。降雨量がふえると、軟腐病が発症しやすくなります。見つけしだい、鉢ごと廃棄します。

アブラムシは殺虫剤で、ハダニは殺ダニ剤で防除します。ハモグリバエの幼虫（エカキムシ）、アオムシ、ヨトウムシが葉を食害するので見つけしだい、捕殺するほか、浸透移行性殺虫剤を6月中旬に散布します。

🏠 庭植えの場合

💧 水やり：不要

軒下など、雨が直接当たらない場所では、必要に応じて水を与えます。

🎲 肥料：不要

🌱 苗の管理

保管中のタネ、まいたタネ

軒下など、雨が直接当たらない、明るい日陰で管理します。用土の表面が乾いたら水をたっぷりと与え、完全に乾かさないように管理します。水を与えすぎると、過湿でタネが腐るので注意してください。

5号未満の苗

風通しのよい半日陰で管理します。葉が傷まないように直射日光を避け、水切れにも注意します。肥料は施しませんが、株が消耗しやすいので活力剤を10日に1回、施します。

べと病
べと病を発症した葉。感染力が強いので見つけしだい、葉を切り取って殺菌剤を散布する。

July
7月

今月の管理

- ☀ 葉焼けに注意
- 💧 鉢植えは用土の表面が乾いたら、庭植えは不要
- ❄ 不要
- 🐛 病害虫の発生に注意

基本 基本の作業
トライ 中級・上級者向けの作業

7月のクリスマスローズ

梅雨明け後から8月上旬にかけては猛暑日（最高気温35℃以上）となり、地域によっては熱帯夜（夜間の最低気温25℃以上）が続きます。暑さで株を消耗させないように注意しましょう。

6月同様、花芽分化が進んでいます。雑草はこまめに抜き取り、時期外れ（5～11月）に咲いた花はすぐに切り取ります。

管理

🪴 鉢植えの場合

☀ **置き場：風通しのよい半日陰**

6月に準じます。葉焼けを防ぐため、梅雨明け後は日当たりを改めて確認しておきます。

💧 **水やり：週に4回程度**

6月に準じます。梅雨明け後は水切れを起こしやすくなり、水やりが毎日必要な場合もあります。用土を極端に乾燥させてしまった場合は、水を大量に与えても、なかなか用土全体に水分が浸透しません。水を与えたあと、少し時間をあけて再度、水やりを行いま

葉焼け、水切れに注意し、葉を傷めないように管理する。

根詰まり気味の株は、水を入れたバケツに鉢ごとつけて吸水させる。

今月の主な作業

7月の作業は特にありません

す。根詰まり気味の株は用土に水分が浸透しにくいので、水を入れたバケツに鉢ごとつけて吸水させます。日中に水切れを起こした場合は、すぐに日陰に移動させ、水をたっぷりと与えます。

　熱帯夜が続く地域や、熱がこもりやすいベランダで栽培している場合は、夕方（理想は午後6時～7時）に葉水や打ち水を行います。気化熱（水が蒸発するときに熱を奪う）によって周囲の温度を下げ、株の消耗を防ぐ効果があります。早朝の水やり時にも打ち水を行うと、さらに効果があります。

葉水、打ち水

夜温が下がりにくいときは、夕方に打ち水を行うとともに、葉水を与える。葉水の目安は、葉の表面全体がぬれる程度。すのこなどの上に、間隔を十分にあけて鉢を並べるとよい。

肥料：不要

　6月～9月中旬まで（秋雨が終わるまで）は株が消耗しやすいので10日に1回、活力剤を施します。

病害虫の防除：灰色かび病、うどんこ病、べと病、軟腐病、アブラムシ、ハダニ、ハモグリバエの幼虫（エカキムシ）

　梅雨の間は灰色かび病、うどんこ病、べと病が発生します。見つけしだい、患部を切り取り、殺菌剤を散布して、風通しのよい場所で管理します。殺菌剤の散布は、気温が高い日を避けて行います。気温が上昇すると、軟腐病が発症しやすくなります。

　アブラムシは殺虫剤で、ハダニは殺ダニ剤で防除します。ハモグリバエの幼虫（エカキムシ）が葉を食害するので、見つけしだい捕殺します。

庭植えの場合

水やり：不要

　軒下など、雨が直接当たらない場所では、必要に応じて水を与えます。熱帯夜が続く地域では、夕方に打ち水を行うと、暑さによる株の消耗を防ぐことができます。

肥料：不要

苗の管理

保管中のタネ、まいたタネ
　6月に準じます。
5号未満の苗
　6月に準じます。

August
8月

基本 基本の作業
トライ 中級・上級者向けの作業

今月の管理
- 葉焼けに注意
- 鉢植えは用土の表面が乾いたら、庭植えは不要
- 不要
- 病害虫の発生に注意

8月のクリスマスローズ

日平均気温が25℃を超え、8月上旬は猛暑日（最高気温35℃以上）が続きます。暑さで株を消耗させないように注意しましょう。台風の発生がふえ、大雨のあとに気温が上昇すると、株が蒸れやすくなります。

6〜7月に続いて、花芽分化が進んでいます。雑草はこまめに抜き取り、時期外れ（5〜11月）に咲いた花はすぐに切り取ります。

暑さで株が消耗しないように注意する。

管理

鉢植えの場合

置き場：風通しのよい日なた
6月に準じます。葉焼けを起こしやすいので注意します。台風通過後の株の蒸れにも注意します。

水やり：週に4回程度
7月に準じます。高温で水切れを起こしやすく、水やりが毎日必要な場合もあります。

肥料：不要
7月に準じます。

病害虫の防除：灰色かび病、うどんこ病、べと病、軟腐病、アブラムシ、ハダニ、ハモグリバエの幼虫（エカキムシ）
8月上・中旬はほとんど発生しませんが、夜温が下がり始める8月下旬に、灰色かび病、うどんこ病、べと病などが発生することがあります。見つけしだい、患部を切り取り、殺菌剤を散布して、風通しのよい場所で管理します。軟腐病は見つけしだい、鉢ごと廃棄します。

強風に当てると、葉柄が折れ、傷口から病原菌が侵入するおそれがありま

今月の主な作業

8月の作業は特にありません

す。台風来襲時には置き場を変えるなどの注意が必要です。

　アブラムシは殺虫剤で、ハダニは殺ダニ剤で防除します。ハモグリバエの幼虫（エカキムシ）が葉を食害するので、見つけしだい、捕殺するほか、浸透移行性殺虫剤を8月中旬に散布します。

🡹 庭植えの場合

水やり：不要
　7月に準じます。

肥料：不要

🌱 苗の管理

保管中のタネ、まいたタネ
　6月に準じます。

5号未満の苗
　6月に準じます。

夏越し中に葉が傷んだ株

Column

　葉焼けや水切れを起こすと、葉が傷み、株が消耗します。秋以降の生育が悪くなることもあるので、十分注意しましょう。傷んで枯れた部分は切り取ります。葉がすべて枯れていても、株が生きていれば秋に新芽を出すので、あきらめずに管理を続けます（69ページ参照）。病害虫によって葉が傷んだ場合も、同様に管理します。

葉焼け
強い日ざしに当たって、葉が焼けて傷んだ株。

軽度の水切れ
用土の乾燥で、葉がしおれた株。この程度であれば、すぐに水を与えれば元に戻る。

重度の水切れ
用土の極端な乾燥で、葉が枯れた株。しおれた葉柄は水やり後に元に戻ったが、枯れた葉は元には戻らない。

67

September
9月

基本 基本の作業
トライ 中級・上級者向けの作業

今月の管理

- 西日に当てない
- 鉢植えは用土の表面が乾いたら、庭植えは不要
- 鉢植えは9月下旬に液体肥料、庭植えは不要
- 病害虫の発生に注意

9月のクリスマスローズ

秋雨が続き、1年で最も降雨量の多い時期です。9月下旬からは生育期となり、根と新芽が動き始めます。特に、小さな苗の根の動きは早めです。植え替え、株分け、庭への植えつけなどは10月に行いますが、寒冷地、高冷地では9月に行います。

雑草はこまめに抜き取り、時期外れ（5～11月）に咲いた花はすぐに切り取ります。

9月下旬になると、株元の新芽が伸び始める。

管理

鉢植えの場合

置き場：風通しのよい半日陰

9月上・中旬は、風通しのよい半日陰（または風通しがよく、午前中だけ日が当たる場所）で管理します。強い日ざしや西日は避けます。日ざしが強すぎると、葉焼けを起こします。寒冷紗（遮光率50～70％）、よしず、すだれなどで日よけを施している場合は、そのまま管理を続けます。

9月下旬になると残暑が終わって日中も涼しくなるので、風通しのよい日なたに移動させます。日よけを施している場合は、資材を取り外します。

水やり：週に3回程度

6月に準じます。気温が下がり、急な水切れを起こしにくくなります。

肥料：液体肥料を9月下旬に1回

株が消耗しやすいので9月上・中旬は10日に1回、活力剤を水やり代わりに施します。

新芽が動き始めた株には、9月下旬に1回、リン酸分の多い液体肥料（N-P-

今月の主な作業

9月の作業は特にありません

K=5-10-5など）を規定倍率の2倍に薄めて水やり代わりに施します。雨の日は避け、晴れた日の午前中に施しましょう。用土全体に行き渡るように、鉢底から流れ出るまでたっぷりと施します。

- **病害虫の防除：灰色かび病、うどんこ病、べと病、軟腐病、アブラムシ、ハダニ、ハモグリバエの幼虫（エカキムシ）、アオムシ、ヨトウムシ**

　灰色かび病、うどんこ病、べと病は見つけしだい、患部を切り取り、殺菌剤を散布して、風通しのよい場所で管理します。軟腐病は見つけしだい、鉢ごと廃棄します。

　強風に当てると、葉柄が折れ、傷口から病原菌が侵入するおそれがあります。台風来襲時には置き場を変えるなどの注意が必要です。

　アブラムシは殺虫剤で、ハダニは殺ダニ剤で防除します。ハモグリバエの幼虫（エカキムシ）、アオムシ、ヨトウムシの発生がふえ、葉を食害するので、見つけしだい、捕殺します。

🔼 庭植えの場合

- **水やり：不要**
　軒下など、雨が直接当たらない場所では、必要に応じて水を与えます。
- **肥料：不要**

🌱 苗の管理

保管中のタネ、まいたタネ
　6月に準じます。

5号未満の苗
　9月上・中旬は6月に準じます。9月下旬になったら、徐々に日なたへと移動させ、10月の植え替えに備えて、リン酸分の多い液体肥料（N-P-K=5-10-5など）を規定倍率の2倍に薄めて水やり代わりに施します。

夏越し中の水切れで、葉がすべて枯れた株。株が生きていれば、9月下旬〜10月に新芽が伸び出す。

クリスマスローズの原種の魅力

　クリスマスローズの魅力は交配種だけではありません。交配種のもとになった原種にも、魅力的な種がたくさんあります。原種は似た花ばかりだと誤解されがちですが、クリスマスローズの場合は同一の種でも変異の幅が大きく、花色、花の模様、花弁の形状、花形などがさまざまに変化しています。

　バルカン半島の自生地では、低地のみならず、アドリア海側から暖かい風が内陸部に吹き込む高地（標高1000m以上）の林間、林縁、牧草地、岩場などに分布しています。種によって好む生育環境が異なり、分布域も偏在します。

　交配種の魅力が「整形された美しさ」であるならば、原種の魅力は「荒削りな美しさ」です。よく原種のことを「野趣あふれる」と形容しますが、それは可憐な花姿のなかに、厳しい大自然の中で生き残ってきた力強さが感じられるからだと思います。

ヘレボルス・アトロルーベンス
（スロベニアにて）

ヘレボルス・トルカータス
（ボスニア・ヘルツェゴヴィナにて）

ヘレボルス・ムルチフィダス・ヘルツェゴヴィヌス（モンテネグロにて）

October

10月

基本 基本の作業
トライ 中級・上級者向けの作業

今月の主な作業

- 基本 植え替え
- 基本 株分け
- 基本 庭への植えつけ
- 基本 庭植えの植え直し
- トライ タネまき（保管したタネ）
- トライ こぼれダネの移植

10月のクリスマスローズ

　最高気温25℃を超す日が減り、過ごしやすい気候になります。本格的な生育期となり、根と新芽を旺盛に伸ばします。開花株と開花見込み株には、秋に新葉を展開する株と、新葉を展開しない株とがあります。

　植え替え、株分け、植えつけなどの適期です。時期外れ（5～11月）に咲いた花はすぐに切り取ります。

生育期を迎え、新芽が伸び始めた株。地中では根が旺盛に伸びている。

主な作業

基本 植え替え

1～2年に1回行う

　用土が劣化するため、植え替えは1～2年に1回行います（76～77ページ参照）。適期は10月です。

　根鉢の大きさよりも一～二回り大きな鉢（1～2号大きな鉢）を選び、深植えにならないように植えつけます。いきなり大きな鉢に植え替えると、過湿で根腐れを起こしやすくなります。

　用土は、赤玉土小粒3、日向土小粒3、牛ふん堆肥2、腐葉土1、ゼオライト1の配合土などを使用します。元肥として、リン酸分の多い緩効性有機肥料（N-P-K=2-8-4など）、またはリン酸分の多い緩効性化成肥料（N-P-K=6-40-6など）を規定の半量、施します。肥効期間が6か月程度のものがおすすめです。粒状の浸透移行性殺虫剤を用土に混ぜておくと、アブラムシなどを予防できます。用土は鉢縁の上端まで入れず、上端から2～3cm下まで入れ、ウォータースペース（水やりの際に一時的に水がたまるスペース）を設けます。

71

元肥として施す肥料

リン酸分の多い緩効性有機肥料（N-P-K=2-8-4など）。

リン酸分の多い緩効性化成肥料（N-P-K=6-40-6など）。

植えつけ直後に、鉢底から流れ出るほど水をたっぷりと与えますが、その後3〜4日は水を与えません。根が新しい用土に張っていない状態で水を与えると過湿になりやすく、根腐れを起こします。用土の表面が乾いたら、通常の水やりに戻します。

 株分け

8〜10号鉢の株に行う

株分けは、鉢のサイズを大きくしたくない場合、お気に入りの株をふやしたい場合、生育や花つきが悪くなってきた場合などに行います（78ページ参照）。適期は10月です。株分けを行うのは、初開花から4年以上経過し、6芽以上ある大株です。鉢のサイズでいうと、8〜10号鉢の株です。

各株ができるだけ3芽以上になるように分けるのが基本です。芽数が多いほうが、確実に開花します。例えば、3株に分ける場合、3等分でもかまいませんが、芽数が多い大きな株1と小さな株2に分けると、少なくとも大きな株は翌年開花します。1芽ずつに分けることも可能ですが、株の勢いが回復するまでに時間がかかり、数年の間、開花しなくなります。

分けたあとの手順は、植え替えに準じます。

基本 庭への植えつけ

植えつけるのは開花株

夏の午前中は日当たりがよく、午後からは木陰になる場所に植えつけます（79ページ参照）。適期は10月です。直径40cm、深さ40cm程度の穴を掘り、掘り上げた土に腐葉土や牛ふん堆肥を穴の大きさの3分の1〜2分の1加え、深植えにならないように植えつけます（水はけが悪い場合は日向土小粒を加える）。リン酸分の多い緩効性有機肥料（N-P-K=2-8-4など）を元肥として施すほか、浸透移行性殺虫剤を土に混ぜておきます。

植えつけるのは開花株です。開花見込み株や5号未満の苗も植えつけ可能ですが、株が充実していないので、開花するまでの年数が鉢で栽培するよりも長くなります。初花を咲かせるまでは鉢で栽培し、その後、庭に植えつけたほうがよいでしょう。

基本 庭植えの植え直し

生育、花つきが悪くなったら行う

庭に植えつけた株は年数がたつと、周囲の植物と重なり合って風通しが悪くなったり、生育が衰えて花つきが悪くなったりします。このようなときは株をいったん掘り上げて、植え直します。同時に株分けを行うと、株の若返りを

図ることができます。適期は10月です。順調に生育し、毎年たくさんの花を咲かせている間は、植え直しの必要はありません。

庭植えの株は深く根を張っているので、スコップを株の周囲から押し込むようにして掘り上げます。10月は傷んだ根の回復が早いので、根が多少切れても大丈夫です。

同じ場所に植えつける場合、別の場所に植えつける場合、ともに「庭への植えつけ」に準じます（79ページ参照）。

トライ タネまき（保管したタネ）
殺菌してからまく

5月〜6月上旬に採取して保管しておいたタネを、鉢から出してまきます。適期は10月です。茶こし袋から取り出して、パーライトや保管中に傷んだタネを取り除き、殺菌剤に1時間ほど浸して殺菌します。タネをまく手順は5月〜6月上旬のとりまきと同じです（60ページ参照）。

乾燥したタネをまく場合は、殺菌剤に半日程度浸し、表面に寄ったしわがなくなるまで吸水させてからまきます。

トライ こぼれダネの移植

4月に準じます（50、51ページ参照）。適期は10月です。

乾燥したタネ

軽く乾燥したタネ
表面にしわが寄っている。この程度の乾燥は、発芽率にはあまり影響しない。

かなり乾燥したタネ
水分を失い、タネが変形して小さくなっている。発芽率はかなり低い。

トライ タネまき（保管したタネ）

適期＝10月

① 保管したタネを取り出す
鉢から取り出した、タネとパーライト入りの茶こし袋。

② 殺菌してからまく
パーライトや傷んだタネを取り除き、殺菌剤に1時間つけてからまく。

今月の管理

- 株元に日をよく当てる
- 鉢植えは用土の表面が乾いたら、庭植えは不要
- 鉢植えは液体肥料と固形肥料、庭植えは固形肥料
- 病害虫の発生に注意

管理

鉢植えの場合

置き場：風通しのよい日なた

隣接する株の葉と接触しないように、鉢の間隔をあけ、株元に日をよく当てます。

水やり：週に2～3回

用土の表面が乾いたら、水分が用土全体に行き渡るように、鉢底から流れ出るまで水をたっぷりと与えます。晴れた日の午前中なるべく早い時間帯（午前10時ごろまで）に行います。降雨量がやや多いものの、根や新芽の動きが活発になるため、用土が過湿になるおそれはありません。

水やりを葉の上から行うと、葉が茂っていて十分に用土まで水分が浸透しないので、葉の下の用土に直接与えます（52ページ参照）。

肥料：液体肥料を10日に1回、10月上旬に緩効性肥料

リン酸分の多い液体肥料（N-P-K=5-10-5など）を10日に1回、規定倍率で水やり代わりに施します。蕾がつくころから開花期にかけて、リン酸分の多い液体肥料を施すことで、花つきがよくなり、花色が鮮やかになります。雨の日は避け、晴れた日の午前中に施しましょう。用土全体に行き渡るように、鉢底から流れ出るまでたっぷりと施します。

10～5月まで肥料を効かせるため、10月上旬に、リン酸分の多い緩効性化成肥料（N-P-K=8-12-10など）を置き肥として施します。肥効期間が2か月程度の肥料であれば、10月上旬、12月上旬、2月上旬、4月上旬の計4回施します。10月は土中の微生物がまだまだ活発に活動しているので、リン酸分の多い緩効性有機肥料（N-P-K=5.5-6.5-3.5など）でもかまいません。

病害虫の防除：灰色かび病、うどんこ病、べと病、軟腐病、ブラックデス、モザイク病、アブラムシ、ハダニ、ハモグリバエの幼虫（エカキムシ）、アオムシ、ヨトウムシ

灰色かび病、うどんこ病、べと病は見つけしだい、患部を切り取り、殺菌剤を散布して、風通しのよい場所で管理します。軟腐病も発生します。新葉が展開し始めると、ブラックデスやモザイク病が発生するので、見つけしだい

鉢ごと廃棄します。

アブラムシは殺虫剤、ハダニは殺ダニ剤を散布して防除します。ハモグリバエの幼虫（エカキムシ）、アオムシ、ヨトウムシが葉を食害するので、見つけしだい、捕殺するほか、浸透移行性殺虫剤を10月中旬に散布します。

🔺 庭植えの場合

水やり：不要

軒下など、雨が直接当たらない場所では、必要に応じて水を与えます。

肥料：10月上旬に置き肥

10月上旬に、リン酸分の多い緩効性化成肥料（N-P-K=8-12-10など）、またはリン酸分の多い緩効性有機肥料（N-P-K=5.5-6.5-3.5など）を株の周囲に置き肥として施します。

🌱 苗の管理

保管中のタネ、まいたタネ

6月に準じます。

5号未満の苗

10月に植え替えを行います。手順は開花株の植え替えに準じます。3号ポットは4号鉢に、4号鉢は5号鉢に、根鉢の肩と下部3分の1をくずしてから植え替えます。生育がよく根の量が多い場合は、3号ポットは5号鉢に、4号鉢は6号鉢に植え替えましょう。用土、元肥は開花株と同じです（45ページ、71ページ参照）。

3号ポット苗は、根が細く乾燥に弱いので、根を乾かさないように注意して植え替えます（80ページ参照）。市販の3号ポット苗も同様に植え替えます。

植えつけ後1週間ほどは、直射日光の当たらない半日陰で管理し、水やり代わりに活力剤を施します。その後、徐々に日なたに移動させ、リン酸分の多い液体肥料（N-P-K=5-10-5など）を10日に1回、規定倍率の2倍に薄めて施します。

5号鉢に植え替えた苗は、以後、「開花見込み株」として扱い、開花株と同様に管理します。

追肥（置き肥）として施す肥料

リン酸分の多い緩効性有機肥料（N-P-K=5.5-6.5-3.5など）。

リン酸分の多い緩効性化成肥料（N-P-K=8-12-10など）。

置き肥は株から離し、鉢縁に沿って施す。写真は、緩効性有機肥料を施した状態。

基本 植え替え　適期＝10月

1 来年開花予定の株
4.5号ポット入りの株。植え替え後は「開花見込み株」となる。

2 根詰まり気味の根鉢
根鉢の状態。このまま植え替えを行わないと、根詰まりを起こす。

3 根鉢の肩をくずす
根鉢の肩を指でくずす。新芽を傷つけないように注意する。

4 根鉢の下部をくずす
根鉢の下部3分の1程度を、ドライバーなどを使ってくずし、根をほぐす。

5 根鉢をくずす目安
根鉢を軽くくずした状態。根詰まりを起こしていなければ、この程度のくずし方でよい。

根詰まりを起こしている場合は、根鉢を完全にくずす。古い用土を洗い流して、根をよくほぐしておく。

76　基本 基本の作業　トライ 中級・上級者向けの作業

6 活力剤につける
根鉢を完全にくずした株は、活力剤に2時間ほど浸し、傷んだ根の回復を促す（※）。

9 高さを調整して植える
鉢縁の上端から2〜3cm下に株元がくるように、株の高さを調整し、用土を入れる。

7 鉢のサイズを決める
1〜2号大きな鉢に植え替えるが、鉢のサイズは根を入れてみて決める。

10 浅植え、深植えにはしない
用土を入れた状態。浅植え（根が露出している）、深植え（芽が埋まっている）は避ける。

8 鉢底近くに元肥を施す
植え替え用土（45、71ページ参照）と、元肥（72ページ参照）を入れる。

11 最後に水を与えておく
6号スリット鉢に植え替えた状態。水をたっぷりと与えておく。

※ 根鉢を完全にくずしていない株は、手順❻を省略し、植え替え後に活力剤を水やり代わりに施す。

株分け　適期＝10月

株分けに向くのは8〜10号鉢
8号スリット鉢植えの開花株。株分けによって株の若返りを図ることもできる。

なるべく3芽以上に分ける
分ける位置を決める。写真の株は、3等分ではなく、大1株、小2株に分ける。

堅い根茎を切り分ける
根茎が堅いので、写真のようにナイフで切るか、マイナスドライバーを差し込んで割る。

活力剤につける
3株に分けた状態。活力剤に2時間つけてから植え替える。

根鉢の断面図。芽の下に太い根茎が伸びていたことがわかる。

株分け後の状態
根のサイズに合った鉢に植えつける。大1株は7号鉢、小2株は6号鉢へ。

基本 庭への植えつけ

適期＝10月（新たに入手した株は2〜3月）

1

雰囲気を確認する
植えつけ場所に鉢を実際に置き、雰囲気を確認する。写真は落葉樹の樹冠下。

4

有機物をたっぷりとすき込む
掘り上げた土に、腐葉土や牛ふん堆肥をたっぷりとすき込む。元肥や浸透移行性殺虫剤も混ぜる。

2

穴を掘り、ゴミを取り除く
直径40cm、深さ40cm程度の穴を掘り、ゴミやほかの植物の根を取り除く。

5

株元は地表よりも少し上に
土を少しずつ穴に戻しながら、株元が地表よりも少し上になるように、株の高さを調整する。

3

根鉢をくずす
植え替え（76〜77ページ）に準じて根鉢をくずす。根鉢を完全にくずした株は、活力剤に2時間つける。

6

株元を軽く押さえる
植えつけた状態。株元を軽く押さえ、水をたっぷりと与えておく。

🌱 苗の植え替え　　適期＝10月、2〜3月

3号ポット苗
左から、
生育の遅い苗、
適度に生育した苗、
生育のよい苗。

1

葉の枚数と根量は比例する
根を洗った状態（※）。生育の遅い苗は根が少なく、生育のよい苗は根が多い。

2

浅植え、深植えは避ける
植えつけた状態。深植え、浅植えにはしない。ウォータースペースを2〜3cm設ける。

ここまで用土に埋める。

活力剤に2時間ほどつけてから、芽と根の境まで用土に埋める。

3

見合ったサイズの鉢を選ぶ
根の量に合った鉢に植え替える。左は3号ポットのまま。中央は4号、右は5号。

※ 根詰まりを起こしていなければ、根鉢の肩と下部3分の1をくずすだけでよい。

80　　基本 基本の作業　トライ 中級・上級者向けの作業

November
11月

今月の主な作業

基本 古葉切り

基本 基本の作業
トライ 中級・上級者向けの作業

11月のクリスマスローズ

平均気温が10数℃程度まで下がり、降水量も減り、乾燥した気候となります。蕾が確認できる株も出始めます。蕾が上がってくると、春先に展開した古葉の葉柄が横に倒れていきます。

時期外れ（5〜11月）に咲いた花はすぐに切り取ります。花が早く咲くのはうれしいことですが、時期外れに開花させると株が消耗し、生育が悪くなるおそれがあります。

11月に開花した株。開花期ではないので、正常な花形、花色で咲くことは少ない。株の消耗を避けるため、すぐに切り取る。

開花株の花芽（左）と新葉（右）。秋に新葉を展開しない開花株もある。

主な作業

基本 古葉切り

葉柄基部を3cm残して切る

開花株や開花見込み株の、傷んだ古葉を切り取ります（83ページ参照）。適期は11月下旬〜12月。古葉のつけ根にある花芽の肥大とともに、古葉の葉柄が倒れます。葉柄が横に倒れたら、葉柄の基部を3cmほど残して切り取ります。ハサミは、1株ごとに殺菌して使用しましょう。古葉切りを行うことで株元に日がよく当たり、病気の発生を抑制できるほか、開花が早まります。

今月の管理

- ❄ 株元に日をよく当てる
- 💧 鉢植えは用土の表面が乾いたら、庭植えは不要
- 🌿 鉢植えは液体肥料、庭植えは不要
- 🐛 病害虫の発生に注意

管理

🪴 鉢植えの場合

❄ 置き場：風通しのよい日なた

寒風が直接当たる場所や、エアコンの室外機の前は避け、株元に日ざしをよく当てます。日当たりが悪いと、花つきが悪くなったり、開花が遅れたりします。

💧 水やり：週に2回程度

用土は徐々に乾きにくくなります。用土の表面が乾いたら、水分が用土全体に行き渡るように、鉢底から流れ出るまで水をたっぷりと与えます。晴れた日の午前中のなるべく早い時間帯（午前10時ごろまで）に行います。

水やりを葉の上から行うと、葉が茂っていて十分に用土まで水分が浸透しないので、葉の下の用土に直接与えます（52ページ参照）。

🌿 肥料：液体肥料を10日に1回

リン酸分の多い液体肥料（N-P-K=5-10-5など）を10日に1回、規定倍率で水やり代わりに施します。蕾がつくころから開花期にかけて、リン酸分の多い液体肥料を施すことで、花つきがよくなり、花色が鮮やかになります。雨の日は避け、晴れた日の午前中に施しましょう。用土全体に行き渡るように、鉢底から流れ出るまでたっぷりと施します。

10月上旬に置き肥を施していない場合は11月上旬に、リン酸分の多い緩効性化成肥料（N-P-K=8-12-10など）を施します（肥効期間が2か月程度の場合、次回は1月上旬に施す）。11月下旬までは土中の微生物が活発に活動しているので、リン酸分の多い緩効性有機肥料（N-P-K=5.5-6.5-3.5など）でもかまいません。

🐛 病害虫の防除：灰色かび病、うどんこ病、アブラムシ、ハダニ、ハモグリバエの幼虫（エカキムシ）、ヨトウムシ

灰色かび病、うどんこ病は見つけしだい、患部を切り取り、殺菌剤を散布して、風通しのよい場所で管理します。殺菌剤の散布は、日中、風のない日に行います。

アブラムシは殺虫剤、ハダニは殺ダニ剤で防除します。ハモグリバエの幼虫（エカキムシ）、ヨトウムシが葉を食害するので、見つけしだい、捕殺してください。

基本 古葉切り

適期＝11月下旬〜12月

対象は開花株と開花見込み株
花芽が伸び、古葉の葉柄が横に倒れた株。そのままでは株元に日ざしが当たりにくい。

基部を3cm残して切る
葉柄の基部を3cm程度残して、古葉を切り取る。ハサミは1株ごとに殺菌して使う。

基部が枯れるまで待つ
古葉を切り取った状態。残した基部が枯れたら指で引き抜く（41ページ参照）。

庭植えの場合

水やり：不要
　軒下など、雨が直接当たらない場所では、必要に応じて水を与えます。

肥料：不要
　10月上旬に置き肥を施していない場合は、リン酸分の多い緩効性化成肥料（N-P-K=8-12-10など）、またはリン酸分の多い緩効性有機肥料（N-P-K=5.5-6.5-3.5など）を株の周囲に施します。

苗の管理

まいたタネ
　5月と10月にまいたタネは軒下など、雨が直接当たらない、明るい日陰で管理します。用土の表面が乾いたら水をたっぷりと与えます。11月下旬ごろから地中で発根し始めるので、用土を乾燥させないように注意します。糸状菌による病気予防のため、月に1回、殺菌剤を散布します。

5号未満の苗
　風通しのよい日なたで管理します。リン酸分の多い液体肥料（N-P-K=5-10-5など）を10日に1回、規定倍率で施します。

December 12月

今月の主な作業

- 基本 古葉切り
- 基本 マルチング

基本 基本の作業
トライ 中級・上級者向けの作業

12月のクリスマスローズ

花芽が伸びて、蕾が確認できるようになり、12月下旬に開花し始める株もあります。

クリスマスに合わせて、促成栽培された開花株（温度調節を行って、早めに咲かせた株）が出回ります。促成栽培された開花株は、本来の花色よりも薄めに発色することがあります。入手後、寒さに当てて咲かせると、翌年は本来の花色に戻ります。

伸び始めた花芽。12月中に蕾が確認できるようになる。

主な作業

基本 **古葉切り**

11月に準じます。適期は11月下旬〜12月です。

基本 **マルチング**

有機物で株元を覆う

庭植えで表土が硬く締まっている場合は、有機物を補給するため、12〜1月に株元にマルチングを施します。株の周囲を、腐葉土やバーク堆肥などで半径40〜50cm、厚さ3〜4cmに覆います。

寒風が当たる場所、積雪が少ない寒冷地では、花芽の保護のため、鉢植え、庭植えにマルチングを施します。

マルチング　適期＝12〜1月

庭植えは有機物を補給するため、株の周囲に腐葉土やバーク堆肥などを敷く。敷いた腐葉土などは、春以降もそのままにする（寒冷地などで鉢植えに施した場合は、4月に取り除く）。

今月の管理

- ☀ 入手直後の株は徐々に寒さに慣らす
- 💧 鉢植えは用土の表面が乾いたら、庭植えは不要
- 🌱 鉢植えは液体肥料と固形肥料、庭植えは不要
- 🦠 灰色かび病

管理

🪴 鉢植えの場合

☀ 置き場：風通しのよい日なた

11月に準じます。12～2月に出回る開花株は、温室などで管理されたものが多く、寒さにあまり慣れていません。いきなり寒さに当てると花柄が倒れるおそれがあるので、入手後数日間は、夜間のみ玄関の中などに取り込み、徐々に寒さに慣らします。

💧 水やり：週に1～2回

11月に準じます。空気が乾燥していても気温が低いので、用土は乾きにくくなります。

🌱 肥料：液体肥料を10日に1回、12月上旬に緩効性化成肥料

リン酸分の多い液体肥料（N-P-K=5-10-5など）を10日に1回、規定倍率で水やり代わりに施します。雨の日は避け、晴れた日の午前中に施しましょう。用土全体に行き渡るように、鉢底から流れ出るまでたっぷりと施します。

さらに12月上旬に、リン酸分の多い緩効性化成肥料（N-P-K=8-12-10など）を置き肥として施します（11月上旬に施している場合は不要）。10月上旬に施した置き肥のかすは取り除きます。

🦠 病害虫の防除：灰色かび病

灰色かび病は見つけしだい、患部を切り取り、殺菌剤を散布して、風通しのよい場所で管理します。

🌿 庭植えの場合

💧 水やり：不要

軒下など、雨が直接当たらない場所では、必要に応じて水を与えます。

🌱 肥料：不要

🌱 苗の管理

まいたタネ

軒下など、雨が直接当たらない、明るい日陰で管理します。地上に芽が出ていなくても、地中では発根しています。霜や霜柱、凍結、寒風を避け、用土の表面が乾いたら水をたっぷりと与えます。病気予防のため、月に1回、殺菌剤を散布します。

5号未満の苗

風通しのよい日なたで管理します。リン酸分の多い緩効性化成肥料（N-P-K=8-12-10など）を12月上旬に施すほか、リン酸分の多い液体肥料（N-P-K=5-10-5など）を10日に1回、規定倍率で施します。

多弁花の魅力

　クリスマスローズのダブルには、通常のダブルよりも花弁の数が圧倒的に多い「多弁花」が生まれています。多弁花は雄しべの数が正常であるため、花弁（ネクタリーが変化した部分）の数が何らかの要因でふえたと考えられています。

　現在、量産されている多弁花は、日本で偶然出現した、通常よりも花弁が多い個体がきっかけとなっています。帯化花（成長点が多数化、または合体化した花）のタネをまいたところ、花弁の重なりが四～五重となる多弁花が出現したのです。これをもとに多弁花どうしの交配を2～3世代繰り返し、花弁の重なりが七重以上の多弁花が作出されました。もともとは薄クリーム色の花しかありませんでしたが、シングルとの交配で花色のバリエーションもふえています。多弁花の品種改良の過程で、オールドローズのような咲き方のダブル（29ページ下段右参照）や、小花弁がまり状になるセミダブル（21ページ下段右参照）など、予期せぬ新しいタイプの花も出現しています。

　多弁花は開花時期の気候や生育状態によって、花弁の数が増減します。通常のダブルとは異なり、一番花は花弁数が少なめで、二番花、三番花に花弁数が多くなる株が多いようです。現在では花弁数90枚以上の数えきれないほどの花弁が重なる花も作出されていますが、クリスマスローズの世界では、花弁数が70枚以上になる花を多弁花として扱っています。これまでの品種改良は、イギリスなど海外からもたらされたものが多かったのですが、多弁花は日本が先駆けとなった形質です。現在も日本が世界をリードしているので、今後の発展が楽しみです。

従来のダブル。萼片を除いた花弁の枚数は、ネクタリーの一般的な数とほぼ同じ。

多弁花のダブル。花弁が幾重にも重なり、豪華さが際立つ。

クリスマスローズを さらに詳しく

栽培の際に
知っておきたい内容をまとめました。
クリスマスローズを育てるうえで
欠かせないポイント満載です。

ダブル・ホワイト・ピコティー
濃い赤の覆輪が糸状に入る白花。にじみ出るように、
覆輪の赤が広がり、花の輪郭が浮き上がって見える。

Helleborus

More Info

クリスマスローズの歴史

19世紀後半から始まった品種改良

クリスマスローズはキンポウゲ科の多年草で、原種はおよそ20種に分類され、亜種を含めると25種が知られています。ヨーロッパ全域、特に、地中海沿岸、イタリア半島からバルカン半島、そして、黒海周辺に多くの種が自生していますが、アジアにも中国に1種だけH・チベタヌスが自生しています。

中世ヨーロッパでは薬草として扱われていましたが、観賞用として本格的に品種改良が始まったのは19世紀後半です。主にドイツやイギリスで、H・オリエンタリスを用いた、交配種の品種改良が盛んに行われ、第一次世界大戦前までには、ヨーロッパ全域で交配種が栽培されるようになりました。その後、2度の世界大戦によって、作出された交配種は散逸して、品種改良は中断してしまいました。

画期的な育種の成果

新しい品種改良の動きは20世紀後半、イギリスの女性育種家、ヘレン・バラードの出現によって始まります。彼女は、自生地を訪れて、原種の生態や生育環境についての研究を重ね、原種の優れた形質を生かした交配を行い、1974年〜1994年の約20年間に、53もの名花を作出しました。彼女が目指したのは、鮮明な花色、丸弁のカップ咲き、小輪〜中輪、上向きで丈夫で育てやすい交配種であり、作出した花は現在にも通用する画期的なものでした。

また、ヘレン・バラードとほぼ同時期に活躍したイギリスの女性育種家、エリザベス・ストラングマンの存在も忘れてはいけません。彼女が1971年にモンテネグロ（当時はユーゴスラビア）でH・トルカータスの八重咲き個体、'ダイドー'を発見しました。この'ダイドー'を交配に用いることで、交配種に八重咲きが誕生したのです。

これらを契機として、ヨーロッパのみならず、オーストラリア、ニュージーランド、アメリカ、日本でクリスマスローズの品種改良が進められました。日本での品種改良は、1990年代以降に本格化し、多くの育種家たちの努力によって急速に発展し、今日では世界的なレベルに到達しています。

さらに詳しく

クリスマスローズの選び方

クリスマスローズの栽培は園芸店やホームセンターなどで、開花株か3号ポット苗を入手することから始まります。クリスマスローズは株分けができますが、一度に大量にふやすことができません。さし木はできないといわれています。このため、開花株も3号ポット苗も、主にタネをまいて育てたものが出回っています。

開花株

12～3月に、花を咲かせた状態で出回ります。4.5～5号鉢に植えつけられた、初めて花を咲かせた株です。3号ポット苗よりも高価ですが、花色や花姿を実際に確認して好みの花を選ぶことができます。開花株は株が充実しているため、3号ポット苗よりも丈夫で、管理も容易です。初心者におすすめです。

開花株を選ぶときのポイントは、花柄が太くてしっかりとしていて、株元から新芽が複数出始めている株を選ぶことです。購入時期が早いと新芽が出ていないこともありますが、この新芽が翌年の花を咲かせるもとになるので重要です。また、花や葉に黒いしみや縮れなど病気の症状がないことも確認し

ましょう。

開花株にはシリーズ名がつけられたものもあります。シリーズ名がつけられた個体の多くは、特徴的な形質を備えています。交配種の場合は個体ごとにばらつきが生じることが多いため、多くのシリーズは、花を咲かせて、特徴が備わっていることを確認したうえで販売されています。育種家のこだわりが色濃く表現されている花なので、愛好家にとっては花選びをする際の一つの指針となりますが、こだわりがあるゆえに価格的には少々高めになります。

3号ポット苗

主に10～3月に出回ります。直径9cmのビニールポットに植えつけられた、発芽1年未満の苗です。入手後、開花するまでに1年以上かかります。苗の段階ではどのような花が咲くのかわかりません（おおよその花色、花形がわかるものもある）。葉柄が太く、葉の色つやがきれいなものを選びましょう。本書の解説では、「5号未満の苗」に相当します。

3号ポット苗は通常、花色別に交配してできたタネをまいて生産されてい

89

> **More Info**

ますが、同じ花色のものが出現するとは限りません。さらに、自家受粉であっても、さまざまな形質をあわせもっているため、親株とは似ても似つかない花が咲くことも多々あります。ただし、どんな花が咲くのか夢見ながら栽培を楽しむことが、クリスマスローズの栽培の醍醐味となります。そして、何よりも価格的に安価であることが、実生苗（タネをまいて育てた苗）から始める利点にもなります。もちろん、開花株で販売されているものの多くは、この実生苗から育てたものです。

　３号ポット苗には「メリクロン苗」と呼ばれる苗もあります。通常の３号ポット苗は実生苗ですが、メリクロン苗は植物の細胞を無菌状態で培養してつくり出されたものです。親と同じ形質をもった品質の優れた苗を、一度にたくさんふやすことができるので、交配種としては珍しいことに園芸品種名がつけられて販売されています。実生苗とは異なり、ラベルに記されたとおりの花を咲かせるので、実際に花を確認しなくても、安心して購入することができます。

入手できる株の大きさの目安。左から、３号ポット苗、開花株（4.5号）、開花株（7号）。開花株は花つきの状態で出回る。7号の開花株は「大株」として少数出回ることがある。

さらに詳しく

鉢の選び方

左から、スリット鉢（普通鉢）、ロングタイプの
スリット鉢（深鉢）、プラスチック鉢（深鉢）。

鉢の種類

　クリスマスローズの栽培には、ビニールポット、駄温鉢、プラスチック鉢、スリット鉢、テラコッタ鉢などを使用します。生育状況や使用目的に応じて使い分けましょう。

ビニールポット（3号）

　育苗用の鉢です。安価で軽量、保水性があります。発芽苗は水切れに弱いので、ビニールポットが適しています。

　4号以上のビニールポットは栽培用の鉢として使用可能ですが、断熱性が低く、用土が過湿になりやすいので、あまりおすすめできません。

駄温鉢（4〜10号）

　栽培用の鉢です。通気性、水はけ、断熱性に優れ、性能面では最も優れています。重くて扱いにくく、壊れやすいのが難点です。

プラスチック鉢（4〜10号）

　栽培用の鉢です。軽くて扱いやすく、壊れにくいのが特徴です。見栄えのよいものがたくさんあります。鉢底穴が大きなもの、または鉢底穴の数が多いものを選びます。

スリット鉢（4〜10号）

　栽培用の鉢です。軽くて扱いやすく、壊れにくいのが特徴です。鉢の側面にスリットが入っているため、水はけ、通気性に優れています。総合的に見てクリスマスローズの栽培に最適です。

テラコッタ鉢（4〜10号）

　観賞用の鉢です。見栄えのよいものが多く、飾って楽しむことができます。駄温鉢に比べると通気性が劣りますが、保水性があるので、水はけのよい用土と組み合わせれば、よく育ちます。

鉢の形状とサイズ

　鉢の種類にかかわらず、普通鉢（直径と高さがほぼ同じ鉢）を使用するのが基本ですが、根が長い場合は同じ号数の深鉢（鉢の直径よりも高さが長い鉢。ロングタイプの鉢）を、根の幅が大きい場合は1〜2号大きな号数の普通鉢をそれぞれ使用します。

　なお、根の量が少ない株、生育が遅い株を深鉢に植えつけると、過湿によって根腐れを起こします。10号を超えるサイズの鉢は、用土が乾きにくく、作業も行いにくいので、株分けを行って、10号鉢以下で管理しましょう。

More
Info

置き場、水やり

置き場

[鉢植え]

生育期 (9月下旬～5月)

　風通しのよい日なたで管理します。1日のうち4時間以上、直射日光が当たる場所を選びます。寒風や強風が当たる場所は避けます。

　4～5月は西日を避けて管理します。5月になると、日ざしが強くなるので、葉が傷みそうな場合は早めに半日陰に移動させます。

半休眠期 (6月～9月中旬)

　風通しのよい半日陰 (遮光率50～70%) で管理します。1日のうち4時間以上、遮光された日ざしが当たる場所を選びます。風通しがよく、午前中だけ直射日光が当たる場所でもかまいません。適切な場所がない場合は、寒冷紗 (50～70%遮光) などを使って、日よけを施します。

[庭植え]

　日当たりがよすぎる場所、暗すぎる場所ではうまく育ちません。落葉樹の樹冠の下は、夏になると葉が茂って日ざしを遮り、冬になると落葉して日当たりがよくなるので、植えつけ場所として最適です。落葉樹の株元に近すぎると、落葉樹の根が張っているので、樹冠の縁近くの下に植えつけます。

　庭植えでは、日当たりだけでなく、水はけのよさも重要です。梅雨どきや秋の長雨でも、降った雨が地表にたまらない場所を選びます。水はけが悪い場合は、日向土小粒などをすき込んで、水はけをよくしてから植えつけます。

水やり

[鉢植え]

　用土の表面が乾いたら、水分が用土全体に行き渡り、鉢底から流れ出るぐらいたっぷりと与えるのが、水やりの基本です。葉の上から水を与えると、用土全体に水が行き渡りにくいので、用土に直接、水を与えます。用土の乾きやすさは、季節、周辺環境 (日当たり、風通し、降雨量)、栽培環境 (鉢や用土の種類)、株の生育状態などの違いによって、かなり左右されます。水を与えすぎると、用土が過湿になって根腐れを起こすので、注意しましょう。

[庭植え]

　水やりを行う必要はありませんが、軒下など、雨が直接、当たらない場所では必要に応じて水を与えます。

さらに詳しく

肥料

　クリスマスローズは、肥料をほとんど施さなくても開花しますが、肥料を施したほうが花つきはよくなります。チッ素分の多い肥料を施しすぎると、株が軟弱に育ち、病害虫への耐性が弱くなるほか、葉の成長が旺盛になりすぎて、花芽分化が遅れるおそれがあります。

　6月〜9月中旬は、肥料を施さないだけでなく、置き肥として施した固形肥料を取り除いて、肥料が効かないようにします。

クリスマスローズの肥料

＊ NPK比：肥料に含まれるチッ素（N）、リン酸（P）、カリ（K）の成分比率。

鉢 植 え				
肥料の種類	元肥	追肥		活力剤
		固形肥料（置き肥）	液体肥料	
NPK 比（＊）	リン酸分の多い緩効性有機肥料（N-P-K=2-8-4など）、またはリン酸分の多い緩効性化成肥料（N-P-K=6-40-6など）	リン酸分の多い緩効性化成肥料（N-P-K=8-12-10など）。10月上旬のみ、リン酸分の多い緩効性有機肥料（N-P-K=5.5-6.5-3.5など）でもよい	リン酸分の多い液体肥料（N-P-K=5-10-5など）	植物抽出物・アミノ酸を主成分とするもの、またはイオン水を主成分とするもの
施す量	規定量の半分	規定量	規定倍率（9月下旬のみ、規定の2倍に希釈）	規定倍率
施す時期	10月の植え替え、株分け時のみ施す（2〜4月の作業時には施さない）	10〜5月に肥料分が効くように施す（肥効期間が2か月程度の場合、10月上旬、12月上旬、2月上旬、4月上旬に施す）	9月下旬〜5月に、10日に1回施す。9月下旬は新芽が動きだした株のみ	6月〜9月中旬（秋雨が終わるまで）に、10日に1回施す

庭 植 え		
肥料の種類	元肥	追肥	マルチング
NPK 比（＊）	リン酸分の多い緩効性有機肥料（N-P-K=2-8-4など）	リン酸分の多い緩効性化成肥料（N-P-K=8-12-10など）、またはリン酸分の多い緩効性有機肥料（N-P-K=5.5-6.5-3.5など）	腐葉土、バークなどを株のまわりに敷く
施す量	規定量の半分	規定量	厚さ3〜4cm、半径40〜50cm
施す時期	10月の植えつけ、植え直し時のみ（2〜3月の作業時には施さない）	4月上旬、10月上旬	表土が硬く締まっていたら、12〜1月に行う（毎年行ってもよい）

More
Info

気をつけたい病気と害虫

病害虫対策で重要なのは、健全な株づくりです。例えば、❶風通しをよくする❷梅雨どきや秋の長雨に当てない❸鉢内を過湿にしない❹夏の強い日ざしを避ける❺チッ素成分の多い肥料を施さない❻殺菌剤や殺虫剤を定期的に散布して予防するなどを心がけます。

1. 病気

病原体の種類によって、糸状菌（カビ）、細菌（バクテリア）、ウイルスに大別できます。

糸状菌の病気

灰色かび病 葉の先端や縁に、褐色〜灰褐色の湿った病斑が生じます。根茎まで腐敗が進行し枯死することもあります。2〜12月のうち、気温が15〜25℃で多湿になると発生します。高温期にはあまり発生しません。見つけしだい、患部を切除し、殺菌剤を散布します。

うどんこ病 葉にうどん粉をまぶしたような白いカビが生えます。発生は4〜11月で、空梅雨、初夏や初秋など、気温が25℃前後で、雨が少なく乾燥した環境で発生します。高温期にはあま

り発生しません。見つけしだい、患部を切除し、殺菌剤を散布します。

べと病 葉の表面に淡黄色の小さな斑点が現れ、進行すると不整形な大型の褐色病斑となり、銀色〜黒色を帯び、光沢があります。4〜10月のうち、気温が20〜25℃で多湿になると発生します。高温期にはあまり発生しません。見つけしだい、患部を切除し、殺菌剤を散布します。

細菌の病気

軟腐病 株の地際の根茎の部分が溶けるように軟化して腐り、鼻をつくような悪臭を放ちます。5〜10月のうち、気温が25〜30℃で多湿になると発生します。初夏から夏の間に、銅水和剤などを株元に散布して予防します。見つけしだい、鉢ごと廃棄します。

ウイルスの病気

ブラックデス 新芽、葉柄、花柄、花などに、黒い斑点やしみが生じ、葉や花が萎縮して、最終的には株全体が黒く縮れ上がって枯れます。新葉が展開する3〜4月と10月に多く発病します。古株や勢いのない株に多く発生します。アブラムシなどの吸汁性害虫に

よって感染するほか、古葉切りなどを行う際にハサミによって汁液感染します。吸汁性害虫を防除することで感染を防ぎます。見つけしだい、鉢ごと廃棄します。

モザイク病　葉や花に、黄緑色や黄色、緑色の筋やまだら模様が生じます。株全体が萎縮し、ねじ曲がったりして、株の生育が阻害されます。新葉が展開する3～4月と10月に多く発病します。アブラムシなどの吸汁性害虫によって感染します。見つけしだい、鉢ごと廃棄します。

2. 害虫

　害虫は、吸汁性害虫（植物の汁を吸う害虫）とそしゃく性害虫（植物の葉などを食べる害虫）に大別されます。

吸汁性害虫

アブラムシ　新芽や葉裏などに寄生して汁液を吸い、芽が縮んだり葉が巻いたりします。また、ブラックデスなどのウイルス病を媒介するほか、粘液状の排せつ物が葉面に付着して美観を損ね、すす病（糸状菌）を誘発します。

　2月下旬～11月に、葉裏などに群生して寄生します。気温が20～25℃で晴天の日が続くと多く発生し、30℃以上になると発生しにくくなります。浸透移行性殺虫剤を散布して予防します。

ハダニ　黄緑色や暗赤色で、体長は0.5mm程度。葉裏に寄生して汁を吸うため、葉の表面に白い小斑点が生じます。多発するとかすり状に白く退色し、光合成が阻害されます。大量発生するとクモの巣状の糸を吐き出して歩き回ります。気温が25℃以上で乾燥した環境を好み、4月下旬～11月に発生します。葉裏に散水すると発生を軽減できます。見つけしだい、殺ダニ剤を散布します。

そしゃく性害虫（葉や花を食べる害虫）

ハモグリバエの幼虫（エカキムシ）　体長は2～3mm。葉肉内をトンネル状に食害して進み、食害痕が曲がりくねった白い線を描きます。多発すると葉全体が枯れて、植物の生育が悪くなります。4～11月に発生します。見つけしだい、白い線の先端にいる幼虫をつぶします。葉の広い範囲が食害されている場合は、見栄えが悪いので、葉ごと切り取ります。

アオムシ　葉を食害します。4～6月、9～10月に5～6回発生します。見つけしだい、捕殺します。浸透移行性殺虫剤の散布が効果的です。

ヨトウムシ　ヨトウガの幼虫で、昼間は土中に隠れ、夜間に活動して葉を食害します。5～11月に発生しますが、高温期にはあまり発生しません。鉢を水につけ込むと、苦しがって這い出てくるので捕殺します。浸透移行性殺虫剤の散布が効果的です。

95

野々口 稔 （ののくち・みのる）

クリスマスローズ愛好家団体「ヘレボルス倶楽部」代表。クリスマスローズの自生地に魅了され、原種の変異や分布状況、生育環境などの研究を通し、楽しみ方や栽培方法について普及活動を行っている。『NHK 趣味の園芸 よくわかる栽培12か月 原種系クリスマスローズ』（NHK 出版）、『NHK 趣味の園芸プラス・ワン もっとクリスマスローズ』（監修、NHK 出版）など、著書多数。

NHK 趣味の園芸
12か月栽培ナビ②

クリスマスローズ

2017年1月20日　第1刷発行
2019年4月5日　第3刷発行

著　者　　野々口 稔
　　　　　ⓒ2017 Minoru Nonokuchi
発行者　　森永公紀
発行所　　NHK 出版
　　　　　〒150-8081
　　　　　東京都渋谷区宇田川町 41-1
　　　　　TEL 0570-002-049（編集）
　　　　　　　　0570-000-321（注文）
　　　　　ホームページ
　　　　　http://www.nhk-book.co.jp
　　　　　振替　00110-1-49701
印刷　　　凸版印刷
製本　　　凸版印刷

ISBN978-4-14-040275-7　C2361
Printed in Japan
乱丁・落丁本はお取り替えいたします。
定価はカバーに表示してあります。
本書の無断複写（コピー）は、著作権法上の例外を除き、著作権侵害となります。

表紙デザイン
岡本一宣デザイン事務所

本文デザイン
山内迦津子、林 聖子、石居沙良
（山内浩史デザイン室）

表紙撮影
加藤宣幸

本文撮影
加藤宣幸（花撮影）
田中雅也（プロセス撮影）
今井秀治

写真提供
加藤宣幸／野々口 稔

イラスト
江口あけみ
タラジロウ（キャラクター）

校正
安藤幹江

編集協力
前岡健一

企画・編集
渡邉涼子（NHK 出版）

撮影・取材協力
Sekiguchi-dai 音ノ葉／堀切園／
松浦園芸／大和園／吉田園芸
大森プランツ／花郷園／
加藤農園／ジョルディカワムラ／
広瀬園芸／松村園芸／浅井 亨／
﨑原 聡／野々口由美子／本所伸一／
山本新吾／HELLEBORUS 倶楽部